LA MÉCANIQUE

APPLIQUÉE

AUX ARTS,

AUX MANUFACTURES,

A L'AGRICULTURE

ET A LA GUERRE.

LA MÉCANIQUE
APPLIQUÉE
AUX ARTS,
AUX MANUFACTURES,
A L'AGRICULTURE
ET A LA GUERRE;

OUVRAGE ORNÉ DE 120 PLANCHES:

Par M. BERTHELOT, Ingénieur-Mécanicien du Roi.

TOME SECOND.

A PARIS,

Chez { L'AUTEUR, rue Saintonge, au Marais; DEMONVILLE, Imprimeur-Libraire de l'Académie Françoise, rue Christine.

M. DCC. LXXXII.

Avec Approbation, & Privilege du Roi.

LA MÉCANIQUE
APPLIQUÉE
AUX ARTS,
AUX MANUFACTURES,
A L'AGRICULTURE
ET A LA GUERRE;

OUVRAGE ORNÉ DE 120 PLANCHES:

Par M. BERTHELOT, Ingénieur-Mécanicien du Roi.

TOME SECOND.

A PARIS,

Chez { l'AUTEUR, rue Saintonge, au Marais; DEMONVILLE, Imprimeur-Libraire de l'Académie Françoise, rue Christine.

M. DCC. LXXXII.

Avec Approbation, & Privilege du Roi.

AVERTISSEMENT.

L'ACCUEIL que le Public a bien voulu faire à mon premier Volume, m'impose le devoir de satisfaire aux desirs qu'il a paru témoigner que je donnasse un peu plus d'étendue aux explications de certaines Machines, que j'avois cru ne devoir décrire que très-sommairement. La crainte de tomber dans la prolixité m'avoit fait penser que l'inspection d'une figure, accompagnée d'explications succintes, devoit suffire ; mais les observations, qui m'ont été faites, m'ont persuadé que je ne m'étois pas rendu assez intelligible : je vais donc réparer cette faute, sans cependant donner dans l'excès contraire. Je présenterai quelques Machines sous d'autres faces que celles sous lesquelles j'en ai démontré la construction & le jeu : par ce moyen, j'ai lieu d'espérer qu'il ne restera plus aux personnes, qui veulent faire construire quelques-unes de mes Machines, d'incertitude sur la forme & les dimensions des pieces qui les composent, sur leur position respective & sur le jeu des moteurs que j'ai employés. Il auroit peut-être été à-propos de faire graver au bas de chaque planche une échelle de réduction : mais telle est la simplicité de toutes mes Machines, telle eſt leur commodité, qu'une fois bien ſenties, on peut les exécuter en grand ou en petit, ſelon l'effet plus ou moins étendu qu'on ſe propoſe d'en obtenir; & pourvu que les roues engrenent convenablement, que les leviers de puiſſance ſoient dans un rapport bien entendu avec ceux de réſiſtance, peu importe qu'on donne aux cages telle ou telle forme déterminée. J'ai eu ſur-tout en vue qu'on pût les conſtruire pour tous les emplacemens & les appliquer à tous les cas. Je ſuivrai dans ce travail l'ordre des planches du premier Volume que j'aurai à reprendre, pour me livrer enſuite à l'explication des nouvelles Machines que j'ai annoncées.

Je demande grace à mes Lecteurs pour le ſtyle de cet Ouvrage. Occupé toute ma vie de conſtructions manuelles, de calculs, de travaux mécaniques; forcé de me faire un langage particulier pour les Ouvriers de toute eſpece que j'employois à rendre mes idées & à exécuter mes plans, je ſuis bien loin de cette pureté, de cette aménité qui caractériſent les diſcours de l'Homme-de-Lettres. Des eſquiſſes, des deſſins, des coupes ſur toutes les faces: voilà la langue propre du Mécanicien; c'eſt cette langue ſeule que j'ai dû bien apprendre. Y ſuis-je parvenu? je me livre au jugement de mes Concitoyens. Le but de mon ambition fut de leur être utile. Ils verront mes efforts & me pardonneront s'ils n'ont pas répondu à toute l'étendue de mes deſirs.

Dans pluſieurs explications de mes planches on trouvera des termes communs, des expreſſions vulgaires : ſouvent le mot propre, le terme technique ne me revenoit pas ; ſouvent auſſi j'étois forcé de le rejeter pour l'intelligence de mes Ouvriers, & j'ai cru devoir conſerver les mêmes tournures, les mêmes expreſſions dans mon Ouvrage, en faveur de ceux qui n'ont pas une parfaite connoiſſance de la Mécanique.

Je me dois encore ici une juſtification vis-à-vis du Public.

On trouvera dans ce ſecond Volume pluſieurs planches répétées ſous différentes faces. On pourroit croire que ces répétitions tiennent la place de nouvelles Machines que j'ai annoncées. Qu'on parcoure mon Livre, qu'on le liſe, & toute crainte à cet égard ſera diſſipée. Je n'ai répété ces planches que pour rendre plus ſenſibles, à toutes les claſſes de mes Lecteurs, les Machines que je leur offre. Mais cette répétition eſt gratuite de ma part ; elle eſt l'hommage de mon zele & de mon dévouement au bien public. On en ſera convaincu, quand on verra que cette répétition forme l'augmentation d'un cinquieme de dépenſe ſur tout l'Ouvrage, & que ce ſecond Volume contient tout ce que j'avois promis. D'ailleurs, je fais bien volontiers ce ſacrifice pour dédommager mes Souſcripteurs de l'attente un peu longue qu'ils ont éprouvée pour ce ſecond Volume. Je m'eſtimerai trop heureux, ſi ce ſacrifice peut leur être agréable.

Peut-être pourroit-on deſirer, dans pluſieurs des planches, un burin plus délicat & plus agréable : mais au moins puis-je répondre, pour toutes, de l'exactitude & de la juſteſſe.

LA

LA MÉCANIQUE
APPLIQUÉE AUX ARTS,
AUX MANUFACTURES,
A L'AGRICULTURE ET A LA GUERRE.

DÉVELOPPEMENT DE LA GRUE
REPRÉSENTÉE PLANCHE IV DU PREMIER VOLUME.

LA grue dont j'ai donné la description, *planche IV du premier Volume*, est représentée ici sur une face à angles droits de la perspective sous laquelle on l'a vue d'abord. Planche LXI.

A est le poinçon qui porte la cage dans laquelle est renfermée la mécanique, & qui tient lieu de volée ; B est une forte piece de bois dans laquelle entre quarrément le poinçon, & qui est assujettie par les contre-fiches C, C, dont on ne voit ici que deux ; D, D, D, &c., sont les pieces qui forment la cage; E, E, ſont celles qui forment le toit, & portent la couverture; F eſt la piece de bois ſur laquelle roule toute la cage: cette piece eſt ſuppoſée coupée à l'endroit où eſt placée la poulie, à plomb de l'arbre ſur lequel s'enveloppe le cable; on peut, dans l'épaiſſeur de cette piece, voir une coupe diamétrale de la poulie elle-même, ainſi que la corde qui eſt cenſée paſſer dans la rainure. G, G, ſont les deux roues à chevilles, vues ici ſur l'épaiſſeur: elles ſont, comme on l'a dit, fixées à quarré ſur l'arbre H, & garnies de chevilles débordant alternativement de chaque côté. I, I, eſt une traverſe cotée G dans la planche IV, dans l'épaiſſeur de laquelle ſont deux poulies, & tout contre elles, ſur leur diametre, deux entailles capables de laiſſer paſſer les quatre tringles K, K, qu'on ne voit pas dans la planche IV. On a fait ici un changement pour faire ſentir les variétés qu'on peut admettre dans cette machine, & la rendre plus ou moins parfaite. *a*, *a*, *a*, *a*, *b*, *b*, *b*, *b*, ſont les marches des pédales cotées toutes *b*, *b*, planche IV, & vues ici par leurs extrémités intérieures: elles ſont aſſemblées dans les tringles K, K, à tenons & à mortaiſes, ainſi qu'on l'a décrit au premier Volume. Les taquets ou cliquets ne peuvent être vus, puiſqu'ils ſont cachés par l'épaiſſeur des tringles, dans laquelle ils ſe logent pour gliſſer ſur les chevilles, lorſque les tringles ſe relevent; ils en ſortent dès que la cheville qu'ils peuvent rencontrer, quand la tringle eſt relevée, eſt priſe par eux. Aux tringles K, K, tient une corde qui, après avoir fait un demi-tour ſur la poulie qui eſt entre elles & les tringles L, L, va ſe fixer ſur ces dernieres; au moyen de quoi, par l'effet des pédales *a*, *a*, *b*, *b*, que foule alternativement un homme placé entre chaque paire de tringles, l'une de ces tringles eſt forcée de deſcendre, & l'autre eſt ſur le champ élevée. Deux hommes peuvent élever, ſans danger, un fardeau conſidérable, parce que le poids de leur corps eſt toujours placé ſur la tangente des deux roues. Plus les roues ſeront grandes, plus elles produiront d'effet. On voit que les deux roues, tournant du même côté, appellent le cable que l'arbre enveloppe, & que le fardeau eſt bientôt porté à ſon élévation.

DÉTAIL DES PIECES DE LA MACHINE.

La figure 1ere, planche LXII, repréſente l'arbre garni de ſes deux roues à chevilles. A chaque extrémité de cet arbre eſt une frette ou cercle de fer, & enſuite un tourillon ou axe ſur lequel il roule. Pl. LXII.

La figure 2 repréſente une des tringles à laquelle ſont fixés une pédale & l'appui ſur lequel l'homme poſe ſes mains. On voit au haut de la tringle la ſaillie du cliquet qui ſe loge dans ſon épaiſſeur, & qui appuie ſur les chevilles de la roue. Au haut de chaque tringle eſt un enfourchement faiſant charniere, avec une traverſe comme dans la planche IV : mais il vaut mieux que ces tringles paſſent dans la traverſe qui reçoit la poulie; la direction verticale eſt mieux conſervée, & la poſition de chaque tringle eſt toujours la même par rapport aux chevilles de la roue.

La figure 3 repréſente la traverſe qui reçoit les poulies & les entailles dans leſquelles paſſent les tringles.

La figure 4 repréſente la maniere dont les cordes qui paſſent ſur les poulies ſont fixées aux tringles, au moyen de nœuds parderriere.

Enfin, la figure 5 repréſente la roue à chevilles. On y a marqué les chevilles par des trous blancs, & ceux un peu plus ombrés déſignent le bout de celles qui débordent de l'autre côté.

MOULIN A PILER.

Pl. LXIII.

La planche LXIII repréſente le moulin à piler que j'ai décrit *planche XII du premier Volume.* Il eſt repréſenté ici de côté, les pilons à gauche. Il ſe trouve quelques différences de conſtruction avec l'autre machine. J'ai eu ſoin de coter des mêmes lettres les pieces ſemblables: mais ici le montant D n'eſt pas dans l'autre machine. Ce montant porte l'extrémité de la piece de bois ſur laquelle repoſe l'arbre dans l'une & l'autre machine, avec cette différence qu'ici le pendule E paſſe en devant des pilons, au lieu qu'à l'autre il paſſe derriere la roue N. Au bas des tringles K, K (qui portent les cliquets), ſont deux petites tringles P, P, qui ſont ici fixées à charnieres au montant C; & à la planche XII ils ſont fixés ſur les traverſes G, entre leſquelles paſſent les tiges des pilons. A-peu-près aux deux tiers de la hauteur de la tige des pilons, on apperçoit le cliquet qui repoſe ſur un des taquets fixés ſur le corps de l'arbre, qu'on n'apperçoit ici qu'en coupe, & qu'on a repréſenté quarré, parce que c'eſt l'endroit où la roue eſt fixée, & que cette roue eſt différente de l'autre. La piece de bois ou cylindre F, qui ſurmonte la cage, reçoit & dirige les tiges des pilons, tant dans leur montée que dans leur chûte, comme font les traverſes qui portent la potence G. L'arbre Q repoſe par ſes tourillons ſur deux traverſes qu'on ne peut voir, & qui ſont portées, par un bout, par les montans C, D. Les montans K, K, ſont élevés & abaiſſés au moyen de deux cordes qui ſont fixées à chacun d'eux, après avoir fait un demi-tour & plus, l'une deſſus & l'autre deſſous l'arbre, comme on l'a vu dans la planche XII, premier Volume. Lors donc que l'arbre eſt déterminé, par les oſcillations du pendule, à tourner tantôt à droite, tantôt à gauche, les tringles ou montans K, K, ſont alternativement élevés & abaiſſés; & quand ils baiſſent, les cliquets, preſſant ſur les dents du rochet, forcent la roue de tourner, tandis que l'autre tringle étant relevée, le cliquet qu'elle porte gliſſe ſur toutes les dents qu'il rencontre en rétrogradant, parce qu'il eſt mobile ſur la tringle juſqu'à ce que, par ſon propre poids, il ſe place à ſon tour ſur les dents du rochet, comme on le voit planche XII. Les différences qui ſe trouvent entre cette machine & celle repréſentée planche XII ſe réduiſent donc à la forme du châſſis de la roue, à la maniere dont les petites tringles, petits bras ou petits leviers P, P, ſont poſés; & enfin, en ce que le pendule eſt en-devant de la machine dans cette planche-ci, au lieu que dans l'autre il eſt derriere par rapport au montant D qui ne s'éleve, dans la planche XII, qu'à une hauteur ſuffiſante pour porter l'avant-corps, au lieu que le pendule devant être en-devant, il eſt néceſſaire d'alonger les pieces qui le portent, & de les ſoutenir par l'élévation totale du montant. Cette démonſtration d'une planche que j'ai déjà expliquée, eſt donc moins un retour aride & faſtidieux ſur cette même planche, qu'un développement des augmentations & améliorations dont la machine eſt ſuſceptible.

MARTINET POUR LES GROSSES FORGES.

Pl. LXIV. La planche LXIV eſt la vue géométrale du moulin à martinets & à pilons, *planche XIV, premier Volume.*

La roue motrice eſt placée ici à droite, & dans la planche XIV elle eſt à gauche : mais cela importe fort peu. L'arbre eſt, comme on le voit, garni en quatre endroits de ſa longueur, de taquets qui pardeſſus rencontrent les queues des marteaux, & à l'oppoſite, pardeſſous, rencontrent des taquets fixés aux tiges des pilons : ainſi, on peut piler la mine & forger les pieces de fer alternativement. Je ne dirai rien de la néceſſité de baiſſer les queues des martinets, pour qu'il n'y ait que celui dont on a beſoin qui ſoit en mouvement; quant aux pilons, ils peuvent aller ſans ceſſe & ſans inconvénient. Lorſqu'on ne fait pas agir les marteaux, les tiges des pilons paſſent dans la piece de bois D : on voit au-deſſous le plan des mortiers. La barre F eſt la même que ſur la planche XIV; les queues des martinets ſont ſuſpendues par des boulons fixés aux montans I, même planche, qu'on ne peut voir ici, puiſque cette machine eſt repréſentée ſur un plan géométral. Indépendamment des marteaux, on voit encore ici la coupe des tas ou enclumes ſur leſquels ils frappent, & les billots de bois ſcellés en terre qui les portent. La piece de bois E eſt celle dont on ne voit qu'un fragment planche XIV. On a repréſenté en *a* l'entaille dans laquelle eſt logée une poulie ſur laquelle paſſe une corde, dont les bouts ſont fixés aux tringles de mouvement K, K, planche XIV. L, L, ſont les marches ou pédales ſur leſquelles peſent altenativement les hommes qui donnent le mouvement à la machine.

On ſent qu'il eſt indifférent que l'arbre ſoit rond comme dans la planche LXIV, ou à huit pans comme dans la planche XIV : il ſuffit que l'extrémité ſur laquelle eſt la roue garnie de rochets, ſoit quarrée, pour en recevoir les croiſées. Dans tous les cas, les taquets ont autant de ſolidité, & l'on pourroit même dire que, devant avoir moins de longueur lorſque l'arbre eſt rond, ils ſont plus ſolides : mais cette différence eſt ſi peu de choſe, qu'on peut ſe diſpenſer d'en tenir compte.

MACHINE A DÉBITER LES BOIS.

La planche LXV repréſente en face la machine à débiter les bois, vue en perſpective *planche XV du premier Volume.* La machine eſt dépourvue, dans cette nouvelle planche, des ſix pieds ſur leſquels elle eſt montée dans la planche XV. A, A, A, A, ſont les pieces de bois ſur leſquelles gliſſent les châſſis qui portent le bois à refendre. C, C, D, D, ſont les quatre montans entre leſquels gliſſent les ſcies ; l'une de ces ſcies fend d'un côté de la machine, & l'autre de l'autre. *e*, *e*, ſont les cliquets ou fourches qui prennent dans les dents des rochets, & qui les font avancer à meſure que la ſcie baiſſe, au moyen de ce que le bout de ces fourches eſt monté à charniere ſur les bras mêmes des ſcies, comme on l'a dit au premier Volume. *a*, *a*, *a*, *a*, ſont quatre pieces de fer attachées ſolidement derriere les montans, dans la feuillure deſquels gliſſent les ſcies. On avoit omis de les repréſenter & Pl. LXV.

d'en parler dans le premier Volume ; voici quel eſt leur uſage : Comme ces quatre montans doivent avoir chacun une feuillure pour recevoir le châſſis des ſcies, il eſt néceſſaire de les contenir dans leur feuillure quand elles ſe meuvent de haut en bas. On applique donc ſur les montans ces quatre pieces de fer, qui ſont terminées par un boulon parfaitement rond ; le bout de ce boulon eſt quarré, puis enfin taraudé. On fait entrer ſous les boulons des roulettes de cuivre ; on ajoute ſur le quarré une piece de fer très-juſte ; & enfin on retient le tout avec un écrou : ces roulettes poſent juſte ſur les bras de la ſcie, & lui laiſſent la liberté du mouvement ſans trop la gêner. On ſent que la précaution de mettre au bout une piece à quarré, eſt néceſſaire dans toutes les machines où il y a rotation comme ici : ſans cette précaution, la roulette emmeneroit inſenſiblement avec elle l'écrou, lorſqu'elle tourneroit dans le ſens de la vis, & tomberoit bientôt à terre (1). Comme deux des feuillures ſont ſur une face de la machine, & deux ſur l'autre, on ne ſauroit en voir ici qu'une couple, puiſque nous avons dit dans le premier Volume que le ſciage ſe faiſoit dans un ſens oppoſé à chaque ſcie. E eſt le chapeau qui fixe l'écartement des quatre montans, & leur donne de la ſolidité. F eſt l'arbre qui roule par

(1) Si le Graveur avoit conçu mon idée, s'il l'avoit rendue comme je la lui avois demontrée, il auroit placé les roulettes dans les montans mêmes D, D, C, C, par le moyen d'un ſeul boulon, & à l'endroit où la ſcie fait tout ſon effort. J'invite donc ceux qui voudront faire uſage de cette machine, comme de toutes celles que j'ai démontrées pour le même objet, à faire attention à l'obſervation que je conſigne ici. Il en ſera de même pour toutes les machines à ſcier par le moyen, ſoit de l'eau, ſoit du vent, dont on fait uſage.

ſes deux tourillons dans deux gouſſets ou oreillons, tels qu'on les a décrits en expliquant la planche XV. On a rendu ſenſible, par la figure 6, le tenon d'un de ces oreillons, qui ſont ſuppoſés être parderriere les montans. G eſt la partie antérieure du châſſis qui porte les pieces à refendre : on y voit la poulie ſur laquelle paſſe la corde qui va s'envelopper ſur le rouleau d'appel, que conduiſent les roues à rochets. Enfin, M, M, ſont les deux pieces de bois qu'on ſe propoſe de débiter : on voit qu'une des deux tiges qui font hauſſer & baiſſer les ſcies paſſe devant l'arbre F, & l'autre derriere, afin que, quand l'une leve, l'autre ſoit abaiſſée. Sans ce mouvement alternatif, la réſiſtance ſe feroit à chaque ſcie dans le même temps, au lieu que de la façon dont elles ſont diſpoſées, une ſcie refend à chaque oſcillation du pendule. N eſt le pendule fixé ſolidement dans l'arbre, & au bas duquel eſt adapté un fort poids ou lentille, pour rendre l'effet de ceux qui mettent la machine en mouvement.

MOULIN A MOUDRE DIFFÉRENTES GRAINES.

Malgré les ſoins que je me ſuis donnés dans la *planche XVII du premier Volume*, pour rendre clairement la mécanique de ce moulin, qui, par un mouvement interrompu, pour en produire un continu, fait tourner une des meules toujours du même ſens, je crois que ce que je vais en dire ici ſera d'une grande utilité pour en faire comprendre tous les détails.

La figure 1ere, planche LXVI, repréſente l'un des baril- Pl. LXVI.

lets du *va-vient* à vue d'oiseau (1) : on voit les cordes qui font un demi-tour sur les tambours ou barillets dont on ne n'en voit qu'un seul, attendu qu'ils sont l'un au-dessus l'autre.

La figure 2 est plus intéressante à détailler, puisqu'elle représente la position respective des deux tambours, & le jeu des cliquets. A est une des longues traverses du châssis; l'autre est censée cachée derriere, le châssis étant dans une position parfaitement horizontale en tout sens (2). B, B, sont les pieces de bois qui, comme dans la planche XVII, posent sur les roulettes. C, C, sont les poignées comme S, même planche. Sur ce châssis, sont plantées dessus & dessous de petites tiges de bois à tenons & mortaises, assez près de chaque bord pour que les cordes, après avoir embrassé le tambour, soient parfaitement droites. On a rendu sensible la position de ces petits montans ou tiges dans la figure 1ere, où l'on voit deux quarrés blancs : ce sont les deux de dessus, & à l'autre côté on ne voit que deux tenons ombrés, parce que ce sont les montans de dessous. A ces montans sont percés des trous dont la destination est de recevoir les queues des crochets qu'on y voit, & dont un est représenté à part,

(1) Nous avons employé ce terme de *va-vient*, dans notre premier Volume, & nous osons nous en servir encore, parce qu'il nous paroît exprimer parfaitement l'action de pousser & retirer alternativement, ce qui, par un mouvement interrompu, en produit un continu.

(2) Le Graveur a oublié de mettre cet A sur la piece du châssis entre les deux barillets. Il auroit dû aussi mettre des lettres sur la premiere figure, & alors il y auroit un A sur chaque branche du châssis, &c.

ſous la lettre A, plus en grand, au moyen de ce que la tige de ces crochets eſt taraudée dans toute ſa longueur. On peut, quand les cordes ſont placées juſte, leur donner la tenſion qu'on juge néceſſaire en ſerrant les écrous.

La figure 3 repréſente l'arbre garni ſeulement des deux plateaux qui couvrent chaque tambour. On y voit ſes deux rochets & les cliquets qui s'y engrenent au-deſſus de chaque plateau; &, à la diſtance convenable pour la hauteur de chaque tambour, eſt une mortaiſe quarrée : cette mortaiſe reçoit une clavette qui retient une petite rondelle de fer, ſur laquelle repoſe chaque tambour. L'arbre, qu'on n'a repréſenté ici que d'une longueur ſuffiſante pour faire entendre ce qu'on avoit à en dire, eſt réduit par le haut à deux groſſeurs différentes: l'une paſſe dans la meule immobile, & n'y eſt point fixée; celle de deſſus, au contraire, eſt à quarré, & fait tourner la meule ſupérieure de la maniere que l'on verra dans un inſtant.

La figure 4 repréſente le même arbre ou axe des meules. *a*, *a*, ſont deux tiges dont la longueur eſt égale au rayon des tambours; elles ſont fixées ſur l'arbre dans lequel leur queue entre à quarré, au moyen d'un écrou qu'on y apperçoit. Au bout de chaque tige eſt un cliquet *b*, *b*, qui tourne librement ſur une partie arrondie, pour pouvoir gliſſer ſur les dents des rochets, quand les tambours rétrogradent. Ces cliquets ſont pareillement retenus au moyen d'un écrou qu'on voit au bout de la tige. On voit auſſi ſur cet arbre les rondelles de fer ſur leſquelles repoſent les tambours, & au-deſſous, les clavettes qui les retiennent.

Quant à la maniere d'armer la meule pour la faire tourner,

voici quelle elle eſt. Cette meule a dans ſon centre un trou plus grand qu'il ne faut pour recevoir le quarré de l'arbre: mais la meule eſt portée par une piece de fer en X figure 5, en croix figure 7, ou triangulaire figure 8. Quelle que ſoit la piece dont on ſe ſerve, on voit qu'elle eſt percée à ſon centre, & à chacune de ſes extrémités, d'un trou quarré; dans celui du milieu, paſſe le quarré de l'arbre, & dans les autres, un boulon dont la tête eſt noyée dans l'épaiſſeur de cette piece : ce boulon paſſe au-travers de la meule, & eſt fixé au moyen d'un écrou à oreilles, figure B.

La figure 6 repréſente un des barillets par ſa partie creuſe. Le plateau qui porte le rochet lui ſert de couvercle & eſt fixé ſur lui, au moyen de ce que les cliquets ſont placés à l'oppoſite l'un de l'autre, mais allant dans le même ſens. Il eſt aiſé de ſentir que, quand on met la machine en mouvement, l'un des barillets tourne d'un ſens avec la meule, par le moyen du cliquet qui lui eſt deſtiné, tandis que l'autre barillet rétrograde pour prendre l'autre cliquet pour faire tourner la meule à ſon tour par le mouvement oppoſé, de maniere que le mouvement circulaire eſt produit par un mouvement alternatif.

MOULIN A SCIER DES PIERRES.

La *planche XVIII du premier Volume* paroît très-compliquée : je n'y ai repréſenté le moulin à ſcier des pierres qu'en perſpective; je vais en donner ici les détails.

Pl. LXVII. La planche LXVII repréſente le plan du manege, ſeulement vu pardeſſus la roue à alluchons. Le châſſis D, D, G, G, emmanché dans le montant B, B, de la planche XVIII du premier Volume, ſert à maintenir la piece de bois H dans laquelle roule l'axe de la grande roue à alluchons I. La hauteur à laquelle cette roue eſt placée eſt telle que des chevaux puiſſent paſſer deſſous. On voit que cette roue eſt garnie d'un certain nombre d'alluchons par trois à diſtances égales, & qui ne doivent pas ſe correſpondre diamétralement : c'eſt-à-dire qu'à l'autre bout du diametre, où il y en a, ce doit être un entre deux, afin que les dents du lanternon K, qui ne doit pas être pris, n'engrenent pas. On voit ſur la partie circulaire des lanternons, une corde dont chaque bout eſt fixé à une barre ou tirant qu'on n'a pas repréſenté ici, & qui eſt déſigné dans la planche XVIII ſous la lettre F. Lors donc que les alluchons de la roue rencontrent les dents d'un des lanternons, ils le font tourner de ce côté; & rien ne s'oppoſe au paſſage de l'autre lanternon, qui, l'inſtant d'après, eſt rencontré à ſon tour par les dents de la roue, tandis que le premier ſe trouve libre. Par ce moyen l'arbre éprouve un mouvement alternatif demi-circulaire, qui, tirant les barres & les pouſſant ſans ceſſe, imprime le même mouvement aux ſcies.

La figure 1ere, planche LXVIII, repréſente la roue à alluchons montée ſur ſon arbre : on y voit les pieces qui la contiennent dans une poſition horizontale, & l'empêchent de ſe gauchir; on voit auſſi plus bas deux des quatre leviers auxquels on atelle les chevaux. Pl. LXVIII.

La figure 2 repréſente l'arbre : on voit vers chacune de ſes extrémités des portions de lanternes qui ne ſont autre chose qu'une roue d'un certain diametre, & forment dans la partie supérieure une large poulie pour recevoir les cordes & les tringles qui donnent le jeu aux scies. A la place des lanternes on pourroit employer une espece de roue à alluchons qui produiroit le même effet, & c'est ce que le Graveur a démontré.

La figure 3 représente un des lanternons vu de face, afin de rendre plus sensible la position des trois dents & des cordes. Enfin, à un bout du même arbre sont de petits leviers destinés à imprimer un mouvement oscillatoire au balancier des pompes dont on a parlé au premier Volume, & qui donnent de l'eau aux scies : on y a vu aussi comment sont disposés les balanciers.

La figure 4 en représente un, vu de face : ce n'est autre chose que deux arcs de cercle qui roulent sur un axe dont les pivots sont soutenus par un enfourchement d'une piece de bois mise debout : une corde est fixée au haut de chacun de ces arcs, & sur les tringles qui menent les pistons. Comme le poids de ces balanciers ne seroit pas assez fort pour les faire redescendre, on met une pareille corde (1) à la partie inférieure des mêmes arcs, & on la fixe au haut des tringles ; par ce moyen, dès que l'un est forcé de hausser, l'autre est, par le même mouvement, obligé de descendre.

---

(1) Le Graveur a omis de la représenter.

MOULIN A BLED

MU PAR DES CHEVAUX.

Nous avons donné au premier Volume la description d'un moulin à quatre trémies, & à quatre meules, mu par des chevaux.

La planche LXIX représente le plan géométral de ce même moulin, afin de faire sentir la position respective des quatre meules & de la grande roue à alluchons. A, A, B, B, sont les quatre pieces de bois qui assemblent la cage par le haut; L est une forte traverse qui reçoit le tourillon de l'arbre qui porte la roue à alluchons; I est la la roue garnie d'alluchons sur toute sa circonférence; G, G, G, G, sont quatre lanternes dans lesquelles la roue engrene: ces mêmes lanternes portent des alluchons qui engrenent dans les lanternons, pour donner le jeu aux volants H, H, H, H, qui servent de régulateurs à la machine. Pl. LXIX.

MOULIN

A REPRISES ET A MOUVEMENT CONTINU.

J'ai dû particulierement donner des détails plus amples de la machine singuliere qui est représentée par la *planche XX, Tome premier.* L'effet du moteur sur les barillets & sur les lanternons a pu paroître difficile à comprendre; la planche LXX suppléera, je pense, à ce qui manque à l'autre.

La figure 1ere représente l'arbre moteur dans toute sa hauteur. Au haut sont deux quarts de cercle comme celui A, Pl. LXX.

figure 3 ; ils paſſent chacun preſque contre un barillet B ; de maniere qu'une corde, dont les bouts ſont fixés derriere l'arbre, ſuive le contour qu'on lui voit ſur la figure 3. Il eſt clair que dès qu'on pouſſera d'un côté le bras du levier N figure 1ère, ces deux quarts de cercle ſeront forcés de tourner du côté oppoſé, & emmeneront avec eux les barillets. Il faut en dire autant des quarts de cercle dentés A, figure 4, qui engrenent dans la lanterne B : mais de ces deux barillets, l'un rencontre le cliquet & l'autre le laiſſe paſſer. Il en eſt de même des lanternes ; ainſi, les deux meules tourneront en ſens contraire. Lorſque l'inſtant d'après ces quatre quarts de cercle ſeront ramenés dans un ſens oppoſé, l'un des barillets & l'une des lanternes qui mouvoient les meules, ne rencontrant plus le cliquet dans le ſens de leurs dents, le laiſſeront paſſer, tandis que les autres feront à leur tour tourner les meules du même ſens, puiſque ces cliquets ſont à l'oppoſite l'un de l'autre. Il eſt inutile de dire que les cliquets ſont portés ſur des tiges fixées ſur l'arbre, & aſſez longues pour qu'ils ſe rencontrent préciſément avec la denture dans leſquelles ils prennent : ainſi, chacune des meules éprouvant une ſemblable puiſſance, ſera miſe en mouvement d'un ſens contraire. Il ne s'agit plus que de déterminer ce mouvement de maniere que l'une tourne à droite & l'autre à gauche ; il ne faut pour cela que diſpoſer les dentures & les cliquets qui menent l'une & l'autre dans un ſens oppoſé.

Il eſt encore inutile d'obſerver que l'arbre qu'on voit ici ne ſauroit être d'une ſeule piece ; l'une fait pivot dans le bout ſupérieur de l'autre, qui doit porter une crapaudine.

MOULIN

MOULIN A PÉDALES ET A MANIVELLES.

Pour rendre plus ſenſible le jeu des deux pédales qui menent le moulin *planche XXVIII, Tome Ier*, & les deux manivelles, dont l'une eſt cachée par la roue dentée, je démontre cette machine, planche LXXI, vue de ſes bouts. La cage de ce moulin ſe reconnoîtra facilement, ainſi que la poſition des meules; on a de plus ajouté ici la trémie qui n'eſt pas repréſentée à l'autre: on voit qu'elle eſt ſoutenue ſur un châſſis quarré, monté ſur quatre pieds. On remarquera à gauche, & vers le bas de la cage, la vis de rappel, par le moyen de laquelle on hauſſe & baiſſe la piece de bois qui porte la crapaudine dans laquelle roule le bout de l'axe qui porte la meule tournante, afin de l'écarter plus ou moins de l'autre qui eſt immobile, & par-là obtenir de la farine plus ou moins fine. La planche LXXII repréſente les pieces détachées de ce moulin. Pl. LXXI.

La figure 1ere repréſente l'arbre garni de ſes manivelles & de ſa roue: cet arbre eſt de fer quarré, mais plat. Pour y enarbrer ſolidement la roue à alluchons, on y fait entrer juſte la piece de bois G, contre l'épaulement de laquelle poſe la roue: cette piece de bois eſt équarrie à ſon extérieur pour recevoir le quarré de la roue qui doit être arrêtée par des coins qui la ſerrent à volonté. Le Graveur ne les a pas marqués. Pl. LXXII.

La figure 2 eſt le volant qui ſe place au-deſſus du moulin, & qui ſert de modérateur.

La figure 3 repréſente la roue garnie de ſes alluchons.

La figure 4 eſt un des deux tourteaux dont eſt compoſée la grande lanterne.

La figure 5 eſt l'arbre repréſenté en petit. Les mortaiſes qui le traverſent reçoivent des clavettes ou goupilles, au moyen deſquelles on fixe en place la piece de bois G qui porte la roue.

La figure 6 eſt une des pieces de fer dans la fourchette deſquelles roule la tige des manivelles entre deux roulettes de cuivre. Au bas de cette piece en eſt une autre E, qui eſt mouvante ſur un boulon à l'une de ſes extrémités, & ſur une goupille à l'autre. Cette goupille ſert à régler le jeu de la pédale placée au bas de la piece figure 6, par laquelle on fait aller la machine.

Comme cette piece coûteroit trop ſi on la faiſoit toute entiere en fer, on peut la faire de deux pieces; ſavoir celle d'en-haut en fer, ſemblable à celle A, & le reſte en bois. B eſt un des boulons au moyen deſquels on attache les meules ſur les nilles qui les portent. C eſt la piece de fer qui porte le petit lanternon, lequel donne le jeu au volant porté ſur la même piece. D eſt un des deux tourteaux de ce petit lanternon. Enfin, F eſt le quarré de la manivelle. Au bout eſt un trou rond où paſſe ſa tige.

MOULIN A MANIVELLES *ſeulement.*

La *planche XXIX du Tome Ier* ne repréſentant le moulin à manivelles que ſur une face, j'ai ſenti qu'il étoit à propos de le faire voir ſur une autre.

La planche LXXIII le représente donc vu en perspective. On sentira mieux la position de l'arbre qui porte la premiere lanterne, qu'on ne voit presque pas, & qui est engrénée dans les alluchons qui sont sur la circonférence de la grande roue. Les alluchons qui sont sur le champ de cette grande roue donnent jeu, en même temps, à la lanterne de la meule & à celle du volant, modérateur de la machine. Les traverses F, G, H, qui portent les axes, tant des lanternes que des meules, sont ici très-apparentes, ainsi que celle *a*, dans laquelle passe la tige qui porte le volant. On n'a pas représenté sur cette planche le marche-pied ou élévation sur laquelle l'homme, qui tourne chaque manivelle, est monté : cela ne fait rien à l'intelligence de la machine, qui peut d'ailleurs être construite comme on la voit ici; du reste, on sentira, à la simple inspection, la position & la forme de toutes les pieces qui composent cette machine. Après ce que j'en ai dit au premier Volume, je n'ai pas cru devoir entrer dans aucun autre détail de sa construction. Pl. LXXIII.

MOULINS A PÉDALES.

Les moulins à pédales qui ont été construits à Bicêtre, par ordre de M. le Lieutenant-Général de Police, & que j'ai décrits en expliquant les *planches XXX & XXXI*, ainsi que celles *LVII & LVIII du premier Volume*, ayant paru à plusieurs personnes mériter de plus grands détails que ceux que j'ai donnés, j'ai cru devoir rapprocher ensemble ces quatre planches, & en présenter les différentes pieces dans une seule. C'est ce que j'ai fait dans le planche suivante.

DÉTAIL DES PIECES QUI LES COMPOSENT.

Pl. LXXIV. La figure 1ere représente l'arbre de fer qui porte la grande roue, les rochets & les cliquets. A chaque extrémité est un tourillon qui repose sur les traverses G, G, de la cage planche XXX, Tome Ier. Sur le quarré du milieu entre une piece de bois aussi équarrie pardehors, & sur laquelle sont des mortaises correspondantes à celle de l'arbre : ces mortaises sont destinées à recevoir des clefs qui assujettissent la roue en place, en même temps qu'elles fixent le quarré de bois qui la reçoit, ainsi qu'on le sentira plus particulierement à l'inspection de la figure 8, qui est une portion du même arbre sur laquelle est la piece de bois quarrée & la roue à alluchons. Sur chaque partie quarrée *a*, *a*, est la roue à rochets figure 3, dont la denture est du même sens. les roues sont retenues en place, au moyen de chevilles qui entrent dans l'arbre : on en voit les trous sur le quarré. Sur les deux collets qui avoisinent chacune de ces roues roulent deux pieces semblables à celle figure 4, qui est composée d'un châssis de bois sur lequel s'élevent deux montans, dont l'écartement est retenu par une plaque de fer coudée à angles droits, & attachée avec des vis & des tenons en fer sur ces montans. Les deux portions de cercle, qui, du sommet des montans, vont joindre le châssis, servent à empêcher le déversement des montans, & à soutenir l'effort de la piece. Sur les rochets, au-dessous de la plaque, est une tringle de fer retenue en-dehors des montans par des écrous, & sur laquelle est un cliquet qui a la liberté de tourner & de tendre toujours vers ſon centre de-gravité. La piece entiere a, comme on le ſent, pour largeur, la diſtance d'un collet à l'autre; & on pratique à-peu-près aux deux tiers de ſa longueur, & en-deſſous, une cannelure propre à recevoir les collets, & on recouvre le tout d'une piece de fer retenue par des vis : cette piece a été mal-adroitement repréſentée ici par le Graveur, ſens-deſſus-deſſous. Si donc on ſuppoſe qu'elle eſt dans la poſition naturelle, on concevra que le cliquet ſera, par ſon propre poids, porté en-bas, & que, rencontrant ſans ceſſe les dents du rochet, il s'y arrêtera en ſe portant d'un côté, & gliſſera deſſus en ſe portant de l'autre.

La figure 6 repréſente la roue à rochets vue ſur ſon épaiſſeur.

La figure 5 repréſente la piece qui porte le cliquet, ayant le rochet entre les deux montans.

Maintenant, ſi l'on jette les yeux ſur la planche XXXI, on remarquera qu'y ayant à chaque côté de la roue un cliquet ſemblable au précédent, & la baſcule ou pédale d'en-bas portant deux tirans qui vont ſe fixer en-deſſous de la piece portant cliquet; à chaque balancement de la baſcule, un des deux cliquets ſera abaiſſé tandis que l'autre ſera relevé : celui qui baiſſe emmene néceſſairement avec lui la roue à rochets, tandis que l'autre, en ſe relevant, gliſſe ſur les dents de la ſienne, & que, l'inſtant d'après, celui-ci va faire tourner ſon rochet pendant que l'autre ſe relevera, ce qui produira néceſſairement un mouvement de rotation continu à la grande roue, obtenu par le mouvement alternatif des repriſes.

Je paſſe aux planches LVII & LVIII en ce qui concerne les détails : mais auparavant j'expliquerai la planche LXXV, qui contient la même machine, avec quelques légers changemens.

Pl. LXXV.

La planche LXXV repréſente la perſpective du moulin démontré par les planches LVII & LVIII du Tome Ier, à cette différence près, que dans ces dernieres la machine eſt vue ſous d'autres faces. A, A, A, forment le ſol ; B, B, B, B, ſont les quatre montans de la cage ; C eſt une des quatre pieces qui portent le plancher des meules ; D eſt une des quatre pieces qui portent celui du haut ; E, E, ſont deux traverſes dans leſquelles eſt aſſemblée à tenons & à mortaiſes celle F, dans laquelle roule l'axe qui mene les meules. Sur cet axe eſt une lanterne dans laquelle engrenent les alluchons de la grande roue : celle-ci eſt enarbrée ſur l'arbre de fer de la même maniere que nous l'avons dit ci-deſſus pour expliquer les planches XXX & XXXI. Cet arbre a pourtant, avec le précédent, quelques différences que je détaillerai quand j'en reviendrai aux figures 10, 11, &c. de la planche LXXIV. G eſt un des deux montans qui portent le balancier ; P, P, ſont les deux pédales ; R, R, ſont les contre-fiches qui préviennent l'ébranlement ; Q, Q, ſont deux planches aſſez larges ſur leſquelles ſont montés les hommes qui mettent la machine en mouvement ; H, H, ſont deux ſecteurs de cercle fixés à un même centre, & qui font lever & baiſſer les pieces qui portent les cliquets & les pédales, qui different un peu de celles qu'on a décrites dans les planches précédentes ; O, O, ſont enfin les deux bras du levier ſur leſquels les hommes placent les mains pour s'aider au mouvement de la machine : il y a derriere celui-là un autre levier qui ne peut pas être visible. Ce moulin differe du précédent, en ce que les hommes, au lieu d'être à côté l'un de l'autre, se font face, & en ce qu'ils placent leurs pieds sur le côté de la pédale ; au lieu que dans les planches LVII & LVIII ils les placent pardevant : mais à cela près, c'est toujours la même chose.

Je reviens à la planche LXXIV qui contient le détail des pieces de ce moulin.

La figure 10 représente l'arbre sur lequel est une piece de bois contre laquelle sont fixées les deux roues à rochets ; les mortaises qu'on voit sur cette piece de bois, qui est quarrée, servent à arrêter la grande roue, au moyen de coins ou clefs de bois avec lesquels on la serre de chaque côté. L'arbre est, comme on le voit, rond & lisse dans le reste de sa longueur.

C'est à cet endroit qu'on place les pieces portant cliquet, dont une est représentée figure 11 ; c'est une planche échancrée comme on le voit, garnie d'une piece de fer coudée à angles droits, comme nous l'avons vu figure 4, portant dans sa courbure un cliquet qui roule sur un boulon de fer retenu par un écrou. Le cliquet, étant abandonné à son propre poids pour fouler le rochet, entraîne avec lui la roue à alluchons figure 7, qui donne le jeu à la meule, & glisse sur les dents des rochets, quand il rétrograde, pendant que le cliquet opposé engrene à son tour dans l'autre rochet, & entraîne la roue à alluchons dans le même sens, comme nous l'avons dit plus haut.

La figure 12 représente l'arbre qui porte la lanterne, &

au bas on voit l'enfourchement qui embraſſe la nille qui donne le jeu.

La figure 13 eſt la lanterne qui mene les meules.

Comme il y a de chaque côté de la roue une ſemblable roue à rochet, on obtient aiſément un mouvement continu, en donnant au bras du balancier un mouvement de libration. La planche LVIII, qui repréſente la même machine vue de face, ne laiſſe rien à deſirer ſur la poſition & le jeu des cliquets, & ſur la maniere dont les ſegmens de cercle, menés par le balancier, font leur office ; ce ſeroit, je penſe, abuſer de la patience des Lecteurs, que d'en dire davantage ſur cette machine, qui me ſemble ſuffiſamment expliquée. S'il y a quelques différences ſur la conſtruction de la cage & la poſition des meules, cette différence eſt légere, & ne ſauroit influer en rien ſur ſa perfection.

Nouvelles vues ſur la maniere de dreſſer les meules.

Pl. LXXVI. La planche LXXVI démontre une maniere plus aiſée & plus ſûre que celle connue juſqu'à préſent pour dreſſer avec plus d'exactitude les meules du moulin.

Il ne s'agit que de placer la nille deſſus la meule, au lieu de la mettre en-deſſous, & d'obſerver d'employer toujours des nilles à trois branches, telles que figure 3, parce qu'elles renferment à tous égards beaucoup plus d'avantages que celles à quatre branches. Un peu d'habitude en mécanique prouvera ſans difficulté ce que j'avance. Les branches doivent être percées à chaque extrémité pour l'uſage ci-après décrit : on perce enſuite les meules, vis-à-vis les trous des nilles. Il faut avoir

avoir ſoin que les trous ſoient quarrés par le bas, & plus larges pour recevoir les têtes des boulons qui paſſeront au-travers des meules & des nilles de maniere à ſe perdre dans les meules : ces boulons doivent être taraudés, pour recevoir un fort écrou chacun, comme il eſt démontré même figure 3. Par ce moyen, on peut dreſſer les meules auſſi juſte qu'on le deſire, ſans qu'elles puiſſent ſe déranger, comme elles ſont ſujettes à le faire à chaque inſtant avec les pipes dont on fait uſage ordinairement.

La nille étant placée pardeſſus la meule donnera l'avantage de laiſſer la meule pleine pardeſſous, en ſorte que le grain commencera à ſe moudre en entrant ſous la meule ; ce qui ne ſe peut lorſque la nille eſt placée pardeſſous, parce qu'elle va juſqu'à l'entre-pieds de la meule : cette méthode aura encore l'avantage que les nilles ne ſe dérangeront jamais, comme il arrive à chaque fois qu'on eſt obligé de déplacer les meules, pour les rhabiller, ce qui exige beaucoup de temps & d'attention, tant pour les défaire que pour les replacer.

On peut également contenir les nilles à quatre branches qu'on emploie ordinairement, en les trouant & plaçant avec des boulons comme celles à trois branches que nous venons de démontrer, & en ſuivant, pour les dreſſer, la même méthode que nous venons de donner.

Figure 1ere. A eſt une meule qui porte ſa nille B pardeſſus, aſſurée par quatre boulons à écrou C, C, C, C, qu'on dreſſe, comme nous l'avons dit, en ſerrant ou en lâchant les écrous ſuivant la pente de la meule.

Figure 2. A eſt une autre meule renverſée, dont la nille

eſt B ; on voit comme les têtes des boulons C, C, C, C, ſont noyés dans la meule : ils ſont démontrés à tête ronde, mais il faut qu'ils ſoient quarrés.

Figure 3. A eſt une autre meule vue pardeſſus avec ſa nille B, qui n'a que trois branches & trois boulons C, C, C ; elle eſt plus facile à dreſſer que celle à quatre branches : on voit que cette maniere de placer les nilles pardeſſus, ne gâte pas les meules comme celle dont on les place ordinairement.

La figure 4 démontre une meule de deſſous ou giſſante en place, pour recevoir l'arbre qui porte la meule de deſſus.

Les figures 5 & 6 démontrent la coupe des meules A, A ; la maniere dont les œillards O, E, doivent les percer ; comment les boulons B, B, doivent les traverſer ; & enfin comment la nille N, poſée pardeſſus, doit les ſupporter.

MOULIN A CORDE SANS FIN.

Pl. LXXVII & LXXVIII.

Les deux planches LXXVII & LXXVIII démontrent la conſtruction de deux moulins à corde ; l'un, ſimple, n'a qu'une ſeule trémie, & l'autre en a deux. L'on peut faire à ce dernier une ou deux moutures indifféremment, ſans que celle des meules qui ne ſera pas en mouture puiſſe nuire à celle qui ſera en action ; au contraire, elle ſervira de volant à l'autre, & par conſéquent de régulateur.

Il n'entre dans la conſtruction de l'un ni de l'autre de ces moulins, ni rouet, ni lanterne : il n'y a par conſéquent aucun frottement d'engrénage ; ils ſont réduits au plus ſimple, puisqu'il n'y a que ceux des pivots des arbres qui portent les meules & celui des poulies sur lesquelles roule la corde sans fin. Au moyen de cette simplicité, les frottemens sont presque réduits à zéro. On voit, à la maniere dont la corde est placée sur les deux poulies, qu'on peut indifféremment faire tourner la meule de droite ou de gauche continuellement, en tirant la corde sans fin avec les mains. J'ai fait exécuter ce moulin tel qu'il est représenté ; & j'ai obtenu de très-bonne farine avec des meules de bois, quoiqu'elles n'eussent que deux pieds de diametre : j'ai fait une seconde expérience avec des meules de trente-deux pouces, qui ont également donné de belle & bonne farine.

Il faut observer que les poulies dont j'ai fait usage étoient du même diametre que les meules : par ce moyen, on est certain de communiquer sans aucune perte, à la meule, toute la force que l'on donnera à la corde sans fin.

Toutes sortes de personnes peuvent s'occuper au jeu de cette machine, hommes, femmes, enfans, &c. ; ils n'ont besoin d'autres mouvemens que celui de tirer la corde I avec les mains, tous du même sens, & dans le nombre proportionné à la résistance du diametre des meules dont on voudra faire usage.

DESCRIPTION DES PLANCHES.

A planche LXXVII, & A, A, planche LXXVIII, sont des pieces de bois qui servent de base pour soutenir les cages B, B, &c. ; C, C, C, C, sont les traverses supérieures qui couronnent les cages & forment les planchers sur lesquels ſont les meules dans leurs archures ; D , D , D , ſont les tambours ou archures qui renferment les meules ; E, E, &c. ſont les chevalets ſur leſquels ſont poſées les trémies F , F , F ; G, G , G , G , ſont de petites cordes ſur leſquelles ſont placés les augets ou couloirs H , H , H. I , I , I , J , J , J , ſont les cordes ſans fin qui mettent en correſpondance les poulies M , M , K , K , pour donner le mouvement aux moulins. Les arbres qui portent les poulies & les meules doivent être marqués en L. Il eſt aiſé de voir que les I , I , & P qui ſe trouvent ici ſont une faute du Graveur. Il en eſt de même des deux caracteres I & J qu'il a employés pour les cordes : ce devoit être des I dans les deux planches.

N , N , N , N , &c. ſont des coins de bois qui ſervent à mettre d'aplomb les arbres des roues qui portent ſur une crapaudine enchâſſée dans les pailliers P , P , P , qui s'éleve ou s'abaiſſe ſelon le beſoin des meules , pour donner le degré de mouture que l'on deſire , à l'aide des vis de rappel V , V , V , qui tiennent aux traverſes R , R , R , &c. : on arrête à demeure les pailliers par des coins Q , Q , Q , Q ; enfin , la charpente de jonction des meules eſt déſignée par O.

MACHINE A MANEGE

POUR SCIER LA PIERRE.

Pl. LXXIX. LXXX, LXXXI & LXXXII.

De tous les temps on a reconnu qu'un cheval produiſoit un effort continu égal à celui de ſept hommes ; celui de ces derniers a été évalué , en le continuant , à 25 l au plus : par conſéquent , celui d'un cheval eſt de 175 l.

C'eſt d'après ces vérités que l'on a imaginé les machines à manege.

Les hommes qui ſont occupés à ſcier font, ſuivant l'examen que j'en ai fait très-ſcrupuleuſement, de 50 à 55 traits de ſcie par minute; j'en admets 60. Les traits de ſcie ſont ordinairement de 12, 13 à 14 pouces de longueur au plus. En les ſuppoſant à 15 pouces & à 60 traits par minute, cela fait par heure 4500 pieds. Nous avons dit que la force d'un cheval étoit de 175[l], étant attelé à une charrette ſur les routes ordinaires : l'eſpace qu'il peut parcourir ſans être forcé, a toujours été eſtimé à 2000 toiſes par heure, ce qui fait 200 pieds par minute. En ſuppoſant donc que ce cheval donne le jeu à ſept ſcies, il leur fera parcourir chacune 200 pieds par minute, ce qui forme enſemble 1400 pieds, & par heure 84,000; les ſept hommes, au contraire, n'en peuvent donner que 31,500 par heure. Ce calcul prouve qu'un cheval peut produire autant d'effet avec ſept ſcies, que 18 hommes $\frac{2}{3}$ employés à 18.

Quoique nous n'ayions évalué ſa force qu'à celle de ſept hommes, il n'en eſt pas moins vrai qu'il gagne cette progreſſion ſur eux par le mouvement continu & plus vîte de ſa marche, qu'il eſt impoſſible à ceux-ci d'égaler par celui de leurs bras.

Il faut actuellement ſuppoſer qu'un homme travaille douze heures par jour, & qu'un cheval ne le puiſſe faire que huit : cette ſuppoſition eſt gratuite; car il eſt bien rare qu'un homme emploie régulierement ce temps-là ſans interruption, au lieu que le cheval le peut ſans perdre de temps. Nous ne laisserons pas que de diminuer un tiers sur le produit du travail de ce dernier.

Dans ce cas, ce dernier feroit toujours la besogne de douze hommes. Diminuons encore un tiers sur le total, si on le veut, resteroit l'effet de huit hommes produit par le cheval. Or, un bon Scieur de pierre gagne au moins 3 livres par jour: un cheval en gagneroit donc 24.

Supposons présentement qu'il faille un homme à 40 sols par jour pour le conduire, ainsi que les scies : en mettant un second conducteur pour le relayer, le même homme peut conduire 28 scies avec 4 chevaux, comme 7 avec un cheval. Il pourroit donc y avoir 16 heures de travail par jour; lequel calculé sur la quantité des chevaux, produiroit un avantage énorme, eu égard au travail à bras d'hommes; & ce relai pouvant avoir lieu de deux en deux heures, chaque conducteur & les chevaux n'auroient que huit heures de travail.

Un autre avantage qui mérite beaucoup d'attention, est que l'on peut donner aux scies autant de *parcours* que l'on desire, en leur donnant 10 ou 15 pieds de long, plus ou moins; ce qui ne se peut pas, tel autre moteur que l'on emploie. Le tout dépend du diametre des portions de lanterne: si on les fait de trois pieds de rayon, elles feront parcourir neuf pieds aux scies; si elles en ont quatre, elles en parcourront douze, &c.

Il y a encore une considération favorable à l'adoption de cette machine; c'est que l'on peut la construire à portée des carrieres & la changer de place suivant le besoin.

EXPLICATION DES PLANCHES.

Ces quatre planches LXXIX, LXXX, LXXXI & LXXXII, repréſentent la machine dont nous venons de parler ſous les plan, perſpective & différentes coupes ; toutes les pieces en ſont démontrées ſous les mêmes lettres alphabétiques. On jugera aiſément, par les différents points de vue ſous leſquels la machine eſt expoſée, que les mêmes lettres ne peuvent pas être viſibles dans toutes les planches : ainſi, quand on ne les rencontrera pas dans une, on les trouvera dans l'autre.

A, A, ſont les traverſes ſupérieures des montans de la cage ; B la piece de bois dans laquelle tourne l'extrémité ſupérieure de l'arbre de la grande roue à alluchons C ; D, autre piece de bois qui maintient l'extrémité de l'axe de la lanterne E auſſi à alluchons, pour engréner dans un lanternon F (planche LXXX) qui mene le volant G, maintenu par la piece de bois H ; I, I, arbre de la lanterne qui porte d'un bout dans la piece de bois D (planches LXXXI & LXXXII), & de l'autre dans le montant J, J. Cet arbre, à-peu-près à ſes deux tiers, porte une demi-lanterne complete K, qui s'engre ne dans un châſſis L, garni d'alluchons & de tringles L, L, L, L, qui ſupportent les montures M, M, M, M, des différentes ſcies S, S ; les tringles L, L, L, L, de chaque côté paſſent entre des rouleaux N, R, &c. qui ſervent à les régler. Deux de ces roulettes N, N, ſont placées au montant des ſupports *o*, *o*, &c. ; & les deux autres R, R, aux poteaux T, T, T, T. Il faut obſerver ſur les tringles L, L, L, L, aux endroits marqués Q, Q, Q, Q (planches LXXIX & LXXX), qu'il y a en ces endroits deux chevilles ou mantonnets qui, en maintenant les montures des ſcies, leur permettent cependant de deſcendre par leur propre poids ſur les pierres P, P, à meſure qu'elles débitent. U, U, leviers d'un auſſi grand rayon que la roue C; V, palonnier qui tient aux leviers U, U, pour y attacher un ou pluſieurs chevaux; X, X, X, X, pluſieurs poteaux qui ſupportent la cage.

Y, Y, Y, Y, pieces de charpente qui maintiennent inférieurement la cage; Z, bloc de pierre qui reçoit la crapaudine ſur laquelle roule l'extrémité inférieure de l'arbre de la grande roue C; &, &, &, &, différens morceaux de bois qui ſervent de point d'appui aux pieces de bois *o*, *o*, &c. qui portent les rouleaux qui dirigent les ſcies.

SCIE A DÉBITER LES BOIS,

MUE PAR L'EAU.

Pl. LXXXIII & LXXXIV. Les planches LXXXIII & LXXXIV repréſentent vue ſous deux différentes faces, une ſcie mue par le courant de l'eau. L'uſage de ces ſortes de ſcies eſt connu: mais j'ai imaginé quelques changemens dans la conſtruction de ces machines, qui procureront à leur jeu de grands avantages.

Toutes celles que j'ai vues & bien obſervées ſont à manivelle: cette manivelle eſt aſſez régulierement de ſept pouces de rayon; elle ne peut donner à la ſcie que quatorze pouces de parcours. En ſupprimant cette manivelle pour faire uſage de la demi-lanterne, telle que je l'emploie pour la ſcie à manege,

manege & qu'elle est démontrée ici sur les planches ; on gagneroit un tiers sur la vîtesse sans aucune perte sur la force. Dans le cas où l'on feroit usage d'une manivelle plus grande que celle que je viens de déterminer, il ne s'agiroit que d'augmenter en proportion le rayon de la demi-lanterne, pour conserver l'avantage de ce tiers de vîtesse.

Voilà d'abord un bénéfice évident sur le produit de la machine : mais on multiplieroit ce bénéfice, si on vouloit ajouter sur le même arbre une autre demi-lanterne qui feroit aller une seconde scie comme dans la machine à manege ci-après, & *planche XXXIX, premier Volume*; & alors il faudroit aussi ajouter les autres pieces nécessaires pour ce nouveau mouvement.

Il y auroit encore un avantage dans le cas d'une grande chûte d'eau, si au lieu d'une roue de 3 ou 4 pieds de diametre, dont on fait usage, on en employoit de 10, 12, 15 & même plus, en augmentant aussi alors le rayon des demi-lanternes, de maniere à donner aux scies un mouvement de 8 à 10 pieds de trait, plus ou moins, selon le diametre de la roue & la quantité d'eau qu'on auroit à sa disposition.

On pourroit encore construire de cette maniere les machines à scies mues par le vent, qui sont peu connues en France, mais beaucoup en usage en Hollande; & elles produiroient le même avantage.

DÉMONSTRATION DES PLANCHES.

A, A, A, sont une des quatre pieces de bois qui servent

de baſe à la machine ; B, B, ſont deux des quatre montans qui en élevent la cage ; D, traverſe ſupérieure qui maintient les montans ; E, F, montant & traverſe qui ſervent à contenir la roue à eau ; C, courant d'eau qui tombe ſur les vannes de la grande roue G, G, dont les axes de l'arbre J, J, portent dans deux fortes traverſes de bois H, I. A l'arbre J de la grande roue eſt adaptée une demi-lanterne L, dont les fuſeaux engrenent avec des alluchons fixés au châſſis N, N, & le fait mouvoir de haut & de bas comme feroient les manivelles. A ce châſſis on a ajuſté la monture M, M, qui porte les ſcies S, S (1). Le châſſis à alluchons eſt terminé aux extrémités par deux tringles T, T, qui paſſent de haut & de bas entre des roulettes R, R, fixées dans des traverſes *o*, *o*. Preſqu'au ſommet de la monture M (planche LXXXIV) en U, eſt à charniere une tringle de bois V, dont l'extrémité inférieure porte ſur les dents de la roue X, X, & la fait mouvoir chaque fois que la ſcie deſcend : cette roue X, X, a un treuil dans lequel on a paſſé une corde attachée aux deux extrémités du châſſis Y, Y, qui ſupporte la piece de bois P, P, à dépecer. Par ce moyen la corde s'enveloppant ſur le treuil, retire à elle le châſſis Y, Y, qui tient la piece de bois, & par conſéquent la fait approcher à meſure que la ſcie produit ſon effet à l'aide des roulettes, leſquelles portent ſur des eſpeces de ſemelles à rainures Z, Z.

Par ce procédé ſimple on empêche la déviation des châſſis & monture, ſans en ralentir le mouvement.

---

(1) La planche LXXXIII repréſente deux ſcies ſur la même monture, en cas qu'on veuille en faire uſage. On eſt libre de n'en faire établir qu'une.

MACHINE A DÉBITER LE BOIS,

MUE PAR DES CHEVAUX.

La *figure 39, premier Volume*, démontre cette machine ſur une face, & les planches LXXXV, LXXXVI & LXXXVII la démontrent ſous un autre point de vue, perſpective & plan. La démonſtration prouvera les avantages qu'on en peut tirer : elle ſe met en mouvement par la puiſſance d'un cheval attelé à un levier K, K, du même diametre que celui du rouet qui donne le jeu aux ſcies G, G : ce rouet eſt ſuppoſé avoir dix pieds de rayon, pour donner le jeu à une lanterne C de ſix pieds de circonférence placée ſur un arbre J, J, qui porte deux demi-lanternes L, L, leſquelles doivent former entr'elles le même diametre que celui de la lanterne C, de maniere qu'entr'elles deux elles produiſent le même effet que ſi elles formoient une lanterne entiere. Le Graveur n'a pas bien démontré la demi-lanterne L qui donne le jeu à une ſeule ſcie, planche LXXXV.

Pl. LXXXV, LXXXVI & LXXXVII.

On voit planche LXXXVI, que les deux portions de lanterne donnent alternativement le jeu à deux ſcies S, S, par le moyen de deux ſections de cercle Œ, Œ, qui forment le fléau d'une balance, lequel fait élever une des ſcies lorſque l'autre eſt forcée de deſcendre par les demi-lanternes L qui engrenent dans les alluchons de la tringle N, N, fixée à la monture M des ſcies. L'une des demi-lanternes ayant produit ſon effet, elle échappe à l'inſtant, & l'autre commence à prendre les dents de l'autre tringle qui eſt placée également ſur la ſcie oppoſée : alors cette ſcie deſcend en raiſon du contour de la demi-lanterne, & l'autre s'éleve de même à ſon tour.

P, P, &c. ſont les pieces de bois à débiter ; V, V, les tringles qui donnent le jeu aux rochets X, X, &c., qui enveloppent les cordes, leſquelles amenent les pieces de bois vers la ſcie ; Y, Y, &c. ſont les châſſis qui portent la piece de bois : ils roulent ſur les pieces Z, Z, &c. ; enfin, &, &, &c. ſont les palonniers auxquels on attele les chevaux.

Nous avons ſuppoſé la lanterne de deux pieds de diametre ; les deux demi-lanternes formant à elles deux ce même diametre, doivent porter autant d'alluchons entr'elles deux que la lanterne entiere. Si celle-ci y porte douze fuſeaux, chaque demi-lanterne en doit porter ſix, en ſorte que ces deux portions de lanterne doivent produire le même effet que la lanterne entiere. On peut, ſi l'on veut, employer de plus grandes lanternes pour donner plus de jeu à la ſcie, & alors les deux demi-lanternes doivent être en proportion.

On voit par cette manœuvre que les ſcies vont chacune en vîteſſe égale à celle d'un cheval, c'eſt-à-dire qu'elles parcourent 200 pieds par minute au pas du cheval, comme s'il étoit attelé à une charrette avec une force continue de 175ˡ. Nous avons dit que la puiſſance d'un homme pouvoit être évaluée au plus à 25ˡ : deux Scieurs de long ne produiroient donc que 50ˡ ; & encore celui qui eſt ſur la piece de bois à refendre n'étant occupé qu'à relever la ſcie & la diriger, celui qui eſt en bas faiſant ſeul l'effort avec le poids de la ſcie, y auroit-il une perte à compenſer ſur leur puiſſance. Mais il y a plus; l'expérience nous a démontré qu'un homme, quelque fort qu'il ſoit, ne peut pas produire un effort continu de 25 l pendant un quart-d'heure à tirer de haut en bas: le cheval au contraire peut continuer ſon effort de 175 l pendant très-long-temps, comme nous l'avons dit, ce qui équivaut à la force de ſept hommes; deux chevaux peuvent donc donner chacun le jeu à ſept ſcies qui occuperoient quatorze hommes.

L'obſervation nous a prouvé que deux Scieurs de long donnent environ 30 traits de ſcie au plus par minute, à 18 pouces à-peu-près de longueur chacun. En les ſuppoſant à 30 traits & à 18 pouces chacun, ils feront enſemble 45 pieds de longueur de trait de ſcie que deux hommes produiſent par minute; leſquels, ajoutés aux 45 pieds pour relever la ſcie, forment 90 pieds qu'ils font parcourir à la ſcie par minute.

J'ai démontré que deux chevaux font aller ſept ſcies chacun, & qu'ils leur font parcourir à chacune 200 pieds par minute. Deux chevaux peuvent donc faire autant de beſogne que trente-un hommes. Suppoſons qu'un cheval ne puiſſe travailler que huit heures par jour, & que les hommes en travaillent douze ſans interruption (1), ce qui eſt très-rare,

(1) Ces détails paroîtront inutiles à ceux de nos Lecteurs qui ſont aſſez calculateurs pour s'en paſſer, d'après ceux que nous avons donnés en décrivant la même machine pour ſcier les pierres; mais nous n'avons pas cru, pour les autres claſſes de Lecteurs, devoir nous diſpenſer de les répéter ici.

ce feroit un tiers à diminuer : refte alors la puiffance de vingt hommes deux tiers ; diminuons encore un tiers fur la puiffance des chevaux, refteroit toujours le travail de treize hommes $\frac{3}{4}$ environ, que deux chevaux peuvent aifément produire chaque jour.

Il n'y a pas de Scieur de long à Paris qui ne gagne au moins 3 liv. 10 fols à 4 liv. par jour ; mettons-les à 3 liv., pour ne pas exagérer. Les treize hommes $\frac{3}{4}$, à 3 liv., formeroient la fomme de 41 liv. 5 fols : deux chevaux gagneroient donc cette fomme à l'Entrepreneur. Suppofons actuellement que l'angar & la machine coûtaffent 8000 liv. de conftruction, dont la rente de 400 liv. par an fait par jour 1 liv. 1 fol 4 deniers; que l'entretien & la nourriture des deux chevaux montent à 4 liv. ; que pour en acheter d'autres on mette auffi par jour 2 liv., ce qui ne fe peut, parce qu'il ne faut que des reftes de chevaux ou des aveugles ; que l'on donnât 2 liv. par jour au Conducteur : tous ces objets réunis ne feroient qu'une dépenfe de 9 liv. 1 fol 4 deniers. Mettons une piftole, en confidération de la néceffité que l'on peut fuppofer d'avoir un troifieme cheval, foit pour faciliter le repos alternatif ou fuppléer à la maladie d'un des chevaux, foit pour aller chercher le bois ; enfin, paffons 12 liv. pour tous ces frais : il refteroit toujours de net, pour l'Entrepreneur, 29 liv. 5 fols de gain par jour. Mais il y auroit plus fans doute, puifque nous avons chargé les dépenfes.

On peut multiplier le nombre des fcies fans autres dépenfes pour l'angar ; l'homme ferviroit quatre fcies, comme deux, &c. : on voit par ce détail que la puiffance des chevaux eft réduite à plus de moitié, & que celle des hommes eſt cavée au plus fort. Cette entrepriſe eſt ſuſceptible d'être multipliée à volonté, ſans augmenter de beaucoup les frais.

MACHINE A MANEGE, PROPRE A PILER.

Cette planche repréſente une machine à manege propre à piler du ciment, du plâtre, toutes ſortes de drogues, &c., par le moyen de chevaux ou de toutes autres bêtes de trait. Pl. LXXXVIII.

La conſtruction de cette machine ne peut être chere. Elle feroit d'autant plus utile, qu'elle s'emploie par un moteur ſimple & peu coûteux, la puiſſance du cheval, & qu'on peut piler pluſieurs ſortes de matieres à-la-fois & en grande quantité, ſans recourir à la main-d'œuvre qui feroit multipliée, & qu'on ne peut pas toujours avoir à ſa diſpoſition.

EXPOSITION DE LA PLANCHE.

N, N, N, charpente inférieure de la machine; O, O, O, montans qui élevent la machine & ſupportent les traverſes ſupérieures; R, R, R, charpente ſupérieure; A, A, palonniers où l'on attache les chevaux; B, B, leviers du diametre de la roue C à alluchons qui engrene dans la lanterne à fuſeaux D (1) fixée à l'arbre Æ, dont les touril-

(1) C'eſt par erreur que le Graveur a mis un I dans la planche.

lons tournent dans les deux traverſes Q, Q. A cet arbre eſt une ſeconde lanterne E à alluchons & à fuſeaux. Les alluchons engrenent avec les fuſeaux du lanternon F qui ſupporte le volant G, G, lequel ſert de modérateur à la machine. Les fuſeaux de la lanterne E ſervent à donner le mouvement à la roue H fixée ſur l'arbre I, I, qui tourne dans les deux traverſes S, S. A cet arbre, aux lettres J, J, J, J, ſont des taquets de bois ou de fer qui, dans la révolution de l'arbre I, I, s'introduiſent ſous des bras de petits leviers adaptés aux tringles K, K, K, K; leſquels leviers ſervent à lever les pilons P, P, P, P, qui retombent alternativement ſur la ſubſtance à piler dans les mortiers M, M, M, M.

On pourra ſimplifier cette machine, & l'on gagnera quelque choſe ſur les frottemens dans les lieux où il ſera poſſible de placer ſon manege plus bas que les pilons, ou ceux-ci plus haut que le manege. Les changemens ou ſuppreſſions à faire dans les pieces, ſeront facilement ſaiſis par tout homme un peu calculateur.

POMPES A MANEGE.

Pl. LXXXIX, XC, XCI, XCII & XCIII.

Ces cinq planches démontrent, ſous différents points de vue, une machine pour élever l'eau à la hauteur que l'on veut par le moyen de chevaux ou autres bêtes de trait: cette machine peut donner jeu à deux ou quatre corps de pompe. Les planches la repréſentent ſous ſes deux aſpects. Le nombre de chevaux à employer doit être proportionné au calibre des pompes, & par conſéquent au volume de la colonne d'eau qu'on veut élever, & à la hauteur à laquelle on veut la porter.

Dans

Dans toutes les pompes dont on a fait uſage juſqu'ici, ſoit à vent, ſoit à eau, ſoit à manege, on n'a employé que des manivelles pour les pompes à un ſeul corps, & des axes coudés pour celles à pluſieurs piſtons. La machine que je propoſe a l'avantage, dans ſa conſtruction, de donner à bien moins de frais telle longueur d'oſcillation que l'on deſire aux piſtons, ſans perte ſur la force : de ſorte que ces piſtons peuvent avoir 6, 12, 18 pieds & même plus, ſi l'on veut; au lieu que dans les pompes à manivelles & à axes coudés il y auroit, ſi l'on vouloit les mettre au même degré pour produire le même effet, un tiers de perte ſur la force, parce qu'il faudroit prolonger les leviers d'un tiers en ſus.

Notre machine eſt compoſée d'un levier adapté ſur un arbre de bois de chêne, portant un rouet qui engrene dans une lanterne placée ſur un arbre également en bois de chêne, lequel porte les deux portions de lanterne pour donner le jeu aux quatre pompes par leur engrénage ſur les tringles à alluchons, de maniere que chaque portion de lanterne donne le jeu à deux pompes en même temps. Quand l'une des portions de lanterne engrene dans l'une des tringles, elle la force de refouler ſon piſton, & d'élever l'autre en même temps qui eſt placé ſur la même baſcule ; &, en paſſant du côté oppoſé, elle éleve l'autre tringle, laquelle force auſſi celle qui lui communique à refouler de même ſon piſton, en ſorte que chaque portion de lanterne donne alternativement le jeu aux quatre pompes.

Je ne crois pas que ce moyen de mouvoir des pompes ait été mis en uſage ; du moins n'en eſt-il rien parvenu à ma connoiſſance.

Celles à manivelles, dont on ſe ſert, ne produiſent que la puiſſance du tiers de la circonférence qu'elles parcourent. En ſuppoſant qu'elles aient un pied, elles ne produiſent donc que deux pieds d'effet dans leur rotation qui eſt de ſix pieds de circonférence, au lieu que dans celles que nous propoſons à portions de lanterne, qui n'auroient chacune également qu'un pied, l'une & l'autre de ces demi-lanternes formeroient également ſix pieds de circonférence, qui donneroient pour chacune trois pieds d'oſcillation. Voilà donc une preuve évidente qu'il y a un tiers de produit en ſus par cette méthode, ſans cependant qu'elle exige plus de force, parce que le poids de la colonne d'eau eſt la même, ſoit qu'on l'éleve lentement ou un peu plus vîte.

Si on ne vouloit donner à nos pompes que la même oſcillation & la même vîteſſe que celles des pompes à manivelles, il ne s'agiroit que de diminuer le tiers du rayon des portions de lanterne, & on ménageroit un tiers ſur la force.

Il y a plus : on gagne même encore ce tiers ſur la force, par le jeu de mes pompes, tel que je le démontre ; voici comment : Les quatre pompes, au moyen des demi-lanternes, vont toujours toutes à-la-fois, c'eſt-à-dire que deux piſtons portent l'eau en haut, tandis que les deux autres ſe refoulent, ce qui ne produit qu'un poids de réſiſtance de deux piſtons chargés, au lieu que par les axes coudés, comme j'en ai vu, qui donnent également le jeu à quatre pompes, il y a toujours trois piſtons qui s'élevant avec leur colonne d'eau forment un poids de réſiſtance de trois piſtons ſur la force motrice, & un ſeulement qui ſe refoule.

Nous ne nous appeſantirons pas davantage ſur cette démonſtration ; nous croyons avoir rendu ſenſible la différence qui réſulte des deux fabrications de cette machine.

Outre ces avantages ſur le produit, il y en a un autre d'un quart ſur la force.

DESCRIPTION DES PLANCHES.

La premiere de ces cinq planches eſt le plan de la machine; la ſeconde, la perſpective à quatre pompes; la troiſieme, une perſpective à deux pompes; la quatrieme repréſente la machine à deux pompes vue ſur une face, & la cinquieme ſous une autre face.

Les A ſont la charpente qui ſert de baſe à toute la machine ; B, les montans pour ſupporter le tout; C, la charpente du haut ; D, forte piece de bois dans laquelle ſont fixées deux traverſes E & F : dans celle E, ſe meut l'extrémité ſupérieure de l'arbre G, & dans celle F, tourne horizontalement l'axe de l'arbre I; les K ſont des dalles de pierres où ſont enchâſſées les crapaudines, dans leſquelles tourne l'extrémité inférieure de l'arbre G; les P ſont des palonniers où l'on attele les chevaux ; L, levier où ſont attachés les palonniers. R, roue à doubles alluchons horizontaux & verticaux ; les premiers, pour faire mouvoir le lanternon H qui ſupporte le volant M, lequel ſert de régulateur ; les alluchons verticaux s'engrenent dans les fuſeaux de la lanterne J, poſée ſur l'arbre I, I, qui tourne d'un bout dans la traverſe F, & de l'autre dans celle S. Sur cet arbre I on a adapté deux demi-lanternes N à fuſeaux, qui s'engrenent dans des dents fixées aux leviers O, &c., qui ſervent de manches aux piſtons des pompes X, &c. Aux extrémités de ces leviers O, &c. sont attachées des cordes ou des chaînes Q, &c., tenantes à deux demi-cercles S, &c., qui font mutuellement la bascule à l'aide d'un boulon qui traverse les leviers & roule sur les pieces T, &c.; en U sont des cylindres mobiles sur lesquels posent les dos des tringles O, afin de diminuer le frottement (1).

GRUE A ROUE

EN FORME DE TAMBOUR POUR LES CARRIERES.

Pl. XCIV & XCV.

On appelle grue à roue, dans l'exploitation des carrieres, celle dont on fait usage pour tirer les matériaux : telles sont celles qu'on emploie dans les plaines autour de Paris pour les carrieres à pierres, & ailleurs pour les fouilles des terres, pour les mines & minieres. Ces machines ainsi construites, sont principalement utiles dans les lieux où l'on a l'emplacement suffisant pour donner la course des chevaux en droite ligne: mais dans le cas où il ne seroit pas possible

(1) Nous n'avons pas cru nécessaire de fixer les proportions des pieces de cette machine, parce qu'elles doivent être calculées sur le local où on l'établira, sur la vîtesse que l'on voudra donner aux pompes, sur la force du moteur que l'on emploiera, & sur l'élévation à laquelle on pourra porter la colonne d'eau.

Ces cinq planches doivent être étudiées ensemble; & lorsque des pieces ne seront pas visibles sur l'une, elles le seront sur l'autre, de même que les lettres qui les désignent.

Une derniere observation que nous croyons indispensable, c'est d'avertir nos Lecteurs que le volant devroit être indiqué sur toutes ces planches, comme il l'est sur la planche XCI.

de le faire, on pourroit ſe ſervir du cabeſtan comme il eſt démontré dans les planches XCIV & XCV. Pour qu'ils puiſſent donner le produit de leur force, ſoit de droite, ſoit de gauche, il faut proportionner le diametre de la roue & celui du treuil ſuivant les fardeaux que l'on aura à élever; il faudra de même calculer, ſur la réſiſtance de ces fardeaux, le nombre des chevaux néceſſaires en tous les cas.

DESCRIPTION DES PLANCHES.

Si on donne huit pieds de diametre au tambour A qui enveloppe les cordes, & un pied au treuil B qui éleve le fardeau, le cheval multiplicra huit fois ſa force, qui eſt évaluée, comme on le ſait, à 175 ¹, ce qui fera équilibre à un poids de 1400 ¹. Mais comme ce travail n'eſt que momentané, on pourroit augmenter cette force en faiſant monter deſſus l'homme qui le conduiroit. La raiſon en eſt évidente; c'eſt qu'un cheval ne peut produire d'effort qu'à proportion de ſon poids: nous en appellons à l'expérience.

En ſuppoſant le diametre du tambour de la roue A à huit pieds & celui du treuil B à un pied, le cheval, au bout d'une courſe de vingt-quatre pieds, aura élevé ſon fardeau à trois pieds. Si une carriere a cinquante pieds de profondeur, le cheval parcourra donc deux cents toiſes en moins de trois minutes; ce que ſept hommes ne pourroient pas exécuter dans un quart-d'heure: cette démonſtration prouve que l'on peut tirer un très-grand avantage de cette machine, tant pour abréger le travail qu'économiſer ſur la main-d'œuvre.

On voit par les figures qu'il n'y a point de perte de temps, puisqu'à mesure que la corde C éleve le fardeau, il y en a une autre D, ou la même, pour mieux dire, qui se développe de l'autre côté pour aller chercher un autre fardeau: il ne s'agit que de dételer le cheval pour le ramener de l'autre côté, & l'atteler à l'autre bout de la corde qui s'est enveloppée sur le tambour lorsqu'il élevoit le fardeau du côté opposé; & l'autre s'enveloppera à son tour sur le même tambour, tandis que celle-ci se développera en élevant un autre fardeau, & toujours ainsi alternativement. E & F sont les cables où les chevaux sont attelés.

CABESTAN A MANEGE

POUR LES CARRIERES OUVERTES.

Pl. XCVI, XCVII & XCVIII.

Les planches XCVI, XCVII & XCVIII, représentent la construction d'un cabestan à manege, propre à retirer les matériaux des carrieres ouvertes: on peut aussi en faire usage pour faire des terrasses, des fossés pour les fortifications, &c; il y auroit une épargne considérable sur la main-d'œuvre en faisant usage de chevaux & de charrettes, au lieu des hommes qu'on y emploie avec des brouettes, &c. Il est d'abord question de pratiquer des issues pour passer deux charrettes comme elles sont démontrées dans ces planches, de maniere que, tandis que les bêtes de trait tourneront d'un sens la charrette chargée, corde D, montera, & l'autre charrette, corde E, descendra à vuide. Comme elles font équilibre ensemble, il n'y aura à vaincre, pour ainsi dire, que le poids des matériaux.

En ſuppoſant qu'un cheval ſoit attelé ſur un levier A de douze pieds de rayon, & que le tambour B en ait quatre de diametre, le cheval multipliera ſix fois ſa force, & équivaudra à celle de 1050 [1], qu'il pourroit doubler en cas de beſoin, comme nous l'avons dit dans la démonſtration précédente.

On a conſervé dans les pieces de bois G des ouvertures où l'on a placé des poulies F pour empêcher les déviations. L'explication de ces trois planches eſt la même que celle des précédentes; il n'y a de différence que le levier A ſubſtitué au tambour A.

GRUE POUR LES BATIMENS.

Pl. XCIX.

Quarante années de recherches pénibles & diſpendieuſes pour trouver le moyen d'économie dans les différens travaux utiles à la Société, & en même temps de prévenir les accidens qui n'arrivent que trop fréquemment par l'uſage des grues dont on ſe ſert dans la conſtruction des édifices publics & particuliers, ainſi que pour l'uſage des carrieres, mines, minieres, fouilles de terres, &c., m'ont donné la ſatisfaction de fournir quelques idées pour la conſervation des hommes.

Les différentes grues que j'ai données dans mon premier Volume ont déjà fait diſparoître tout péril pour ceux qui y ſont employés, en les plaçant comme moteurs à l'abri de tout accident. Cet objet eſt ſi intéreſſant pour l'humanité, que j'ai cru que je ne pouvois trop en multiplier les points de vue, pour mettre non-ſeulement les Gens de l'Art, mais encore les perſonnes les moins inſtruites, à portée d'en faire conſtruire de toutes les eſpeces. C'eſt pourquoi j'en ai démontré à manege, à cabeſtan & à tambours, que l'on peut diriger ſuivant les emplacements & les lieux. Il s'agit dans celle-ci de ſubſtituer les bêtes de trait dont on pourra faire uſage, ſoit par le manege, ſoit par le tirage en ligne droite ou ſur les côtés.

A cet avantage, qui eſt ſans prix, ſe joint encore celui d'épargner ſur la main-d'œuvre plus des trois-quarts de dépenſe, & d'accélérer l'ouvrage ſans dépendre du caprice des Ouvriers.

Tant d'avantages réunis doivent déterminer les Entrepreneurs, & les autres perſonnes qui ſont dans le cas de faire uſage de ces ſortes de machines, à les adopter.

Il faudra proportionner le diametre des tambours ſur leſquels les cordes s'enveloppent, ou multiplier le nombre des bêtes de trait, ſuivant les fardeaux que l'on voudra élever.

Cette grue eſt ſemblable à celle qui eſt démontrée par la *planche VI du premier Volume ;* j'ai poſé ici la roue en face, pour que l'on en voie mieux le jeu.

DESCRIPTION DE LA MACHINE.

A, palonnier pour attacher le cheval; B, B, B, B, corde qui tient au palonnier & qui ſe développe du tambour de la roue C, C, C, C: ſur le treuil D, D, D, de cette roue ſe développe le cable E, E, E, qui paſſe ſur les poulies F, F, de la grue, & va au corps à enlever que l'on ne voit pas

pas dans cette planche; G, G, G, sont deux rouleaux mobiles sur lesquels doit passer la corde P, quand, par un événement quelconque, il y a déviation du cheval; H est une piece qui est adaptée au support de la roue à tambour, & sert d'arc-boutant pour arrêter le tout lorsque les bêtes de trait produisent leur effet. Cet arc-boutant doit être à charniere, pour qu'on puisse le relever lorsqu'on veut diriger la grue d'un côté ou d'autre.

CHEVRE A MANEGE.

Cette planche démontre la figure d'une chevre pour la construction des bâtimens, &c., au service de laquelle on substitue des chevaux ou autres bêtes de trait à la place des hommes. Pl. C.

Si l'emplacement n'est pas convenable pour que les animaux puissent tirer en droite ligne, on placera un cabestan de maniere qu'ils puissent produire leurs effets de droite ou de gauche. Comme cette machine est très-simple, on l'emploie beaucoup dans les travaux publics : mais elle n'est pas moins dangereuse que les grues ; car les hommes courent risque de tomber sur la tête, dans le cas où le cable viendroit à casser lorsquils appuient leurs pieds contre les montans de la chevre pour faire produire plus d'effet aux leviers. Quoique l'effet de cette machine soit toujours très-lent, elle ne laisse pas que d'occuper bien des hommes. En y substituant un cheval, il produiroit, non-seulement plus d'effet que quatre hommes, mais il feroit encore quatre fois plus d'ouvrage dans le même eſpace de temps ; il feroit diſparoître tout danger.

Cette maniere de ſervir cette machine eſt d'autant plus favorable, qu'il y a des ſaiſons dans l'année où l'on eſt obligé de ſuſpendre les travaux, parce que les Manœuvres étant occupés aux biens de la terre, on ne peut en avoir qu'à prix d'argent, & qu'alors ils veulent faire la loi à ceux qui les recherchent.

Explication de la Planche.

A, palonnier pour attacher le cheval ; B, B, B, corde qui tient au palonnier, & qui, à meſure que le cheval tire, ſe développe du tambour de la roue C, C, &c. : au treuil D, D, eſt fixé le cable E, E, &c. qui s'enveloppe en raiſon du développement du tambour G, d'autant mieux que la proportion eſt bien établie entre les diametres de la poulie F, du tambour C, du treuil D, & du cylindre du cabeſtan G ; l'uſage de ce dernier, dans cette figure, eſt de démontrer une ſituation où le tirage ne pourroit pas ſe faire directement en face du tambour, mais ſur le côté.

MACHINE A MANEGE

POUR ENFONCER LES PIEUX.

Pl. CI & CII. Cette machine eſt deſtinée à enfoncer des pieux par la puiſſance d'un cheval ou de pluſieurs, ſi on veut accélérer la beſogne.

Un cheval peut donner le jeu à un mouton du poids d'environ 1000[l].

Si on en veut occuper deux à-la-fois, il n'y a qu'à augmenter de moitié la grosseur du tambour, sur laquelle s'enveloppe la corde qui éleve le mouton : par ce moyen on doublera les effets du mouton ; on les triplera & quadruplera de même. Si on veut faire usage de trois & de quatre chevaux, on multiplie en proportion le diametre du tambour : ce tambour est placé sur l'arbre qui porte les leviers destinés pour atteler les chevaux. Sur cet arbre est adapté un cliquet pour contenir le tambour lorsque la corde s'enveloppe autour pour élever le mouton. Le rayon du levier, sur lequel on attele le cheval, est supposé avoir sept pieds de longueur, le tambour deux pieds de diametre ; le cheval a par conséquent sept fois sa force à employer. On lui admet une puissance continue de 175[l] de force, avec la capacité de parcourir 2000 toises par heure, en allant son pas, lorsqu'il est attelé à une charrette sur une route ordinaire, ce qui fait 200 pieds par minute. Le rayon du levier sur lequel il est attelé étant de 7 pieds, la circonférence est de 42 pieds ; celui du cylindre étant de 2 pieds, sa circonférence est de 6 : lorsque le cheval a fait un tour (42 pieds), il a élevé le mouton à 6 pieds de hauteur ; lorsqu'il a fait deux tours (84 pieds), le mouton est élevé à 12 pieds ; lorsqu'il a fait quatre tours qui font 168 pieds, le mouton se trouve élevé à 24 ; & enfin, lorsqu'il a parcouru les 200 pieds qu'on lui admet par minute, il a élevé le mouton à 28 pieds $\frac{4}{7}$. Nous avons dit que le cheval avoit à multiplier sa force sept fois, laquelle est de 175[l] ; cela fait donc la valeur de

1225[l] qu'il a élevée dans cet eſpace de temps. En ſuppoſant le mouton, comme nous l'avons dit, à 1000[l], le ſurplus eſt paſſé pour les frottemens & l'aiſance du cheval. On voit de-là qu'on peut donner au mouton tel degré de chûte qu'on deſirera, au moyen du cliquet qu'on lâche à volonté.

Il y a peu de frottemens en général dans cette machine, parce qu'elle eſt ſimple dans ſa conſtruction, & que tout ſon jeu conſiſte dans deux poulies & l'arbre vertical ſur leſquels roulent les cordes.

Il faut obſerver que quoique le rayon du levier, qui ſert pour atteler le cheval, ne ſoit combiné que pour 7 pieds de longueur, on eſt maître de le prolonger autant que l'on voudra, en augmentant à proportion le diametre du tambour, pour lui donner la vîteſſe proportionnée aux chevaux que l'on occupera.

Le rochet qui eſt adapté au bas du tambour, pour le contenir par le moyen du cliquet, doit être en fer, ainſi que celui qui eſt au haut de l'arbre, pour qu'ayant plus de ſolidité, il retienne plus ſûrement le mouton ſuſpendu dans toutes les poſitions, & pour que le cheval ne ſupporte rien lorſqu'on le fait arrêter.

On place la main ſur la queue du cliquet pour lâcher la détente qui donne la chûte au mouton. La corde qui ſert pour donner le jeu au mouton eſt diſpoſée de maniere qu'elle ne ſe développe jamais que de ce qui eſt néceſſaire ſtrictement pour donner la chûte au mouton ſans perte, parce que les deux bouts de cette corde tiennent enſemble à l'extrémité ſupérieure du mouton : l'un ſert pour l'élever,

& l'autre pour le contenir lors de fa chûte, afin qu'il ne faffe pas de foubrefaut, au moyen d'une poulie de retour placée à côté des couliffes, fous laquelle la corde paffe, après avoir fait plufieurs tours fur le tambour.

Il feroit plus avantageux que l'arbre fût en fer qu'en bois.

Sept hommes peuvent produire le même effet qu'un cheval, fi on préfere de les occuper.

On peut placer le manege des chevaux à 50 pieds plus ou moins de la batterie du mouton, par le moyen d'un cabeftan fur lequel s'envelopperoient & fe développeroient les cordes qui donnent le jeu à la machine : on la réduiroit pour-lors fur les proportions de celles dont on fe fert ordinairement pour donner le jeu à un belier à fonnette.

COMPARAISON des avantages que l'on peut tirer de la machine propofée pour enfoncer les pieux, par le moyen des chevaux, avec ceux réfultans de la fonnette à bras.

Suppofons qu'un mouton pefe 1000[l], il faudra quarante hommes pour lui donner le jeu, en leur admettant à chacun la capacité de fournir un effort de 25[l], ce qui n'eft jamais régulier, parce qu'il y en a toujours qui favent fe ménager pendant que d'autres fe forcent. Nous avons obfervé très-attentivement fur différentes machines de cette efpece armées de moutons de différents poids, fuivant la néceffité des cas, avec le nombre d'hommes proportionné au mouton, que le nombre d'ofcillations qu'ils donnoient au mouton a toujours été de 26, 27, 28 ; ils n'ont jamais paffé 30 coups de fuite, après quoi ils fe repofoient environ un quart-d'heure, pour recommencer ensuite leurs manœuvres : ils n'élevoient pas le mouton au-dessus de 4 pieds ; & il falloit deux bonnes secondes pour chaque trait qu'ils donnoient au mouton. Admettons présentement qu'ils pussent en donner 30 de suite dans l'espace d'une minute, de 4 pieds de hauteur, cela feroit la valeur de 120 pieds qu'ils produiroient d'effet dans une minute ; joignons à cette minute le quart-d'heure de repos, cela feroit seize minutes. Ce calcul démontre qu'en partageant ces trente oscillations par ces seize minutes, cela ne fait que 7 pieds & demi que les quarante hommes peuvent produire par chaque minute, y compris celle du repos. Supposons encore que les hommes ne se reposent que sept minutes au lieu de quinze, & qu'ils aient la capacité de doubler leurs effets dans les seize minutes que nous avons déterminées, ils éleveroient le mouton à 240 pieds de hauteur au lieu de 120. Enfin, supposons encore que les hommes puissent tripler leur premiere puissance reconnue de 120 pieds en seize minutes, cela feroit 360 pieds de hauteur, ce qui est impossible, parce que les hommes n'auroient que quatre minutes & demie pour se reposer.

Voyons présentement l'effet que peut produire la machine que nous proposons.

Nous avons démontré qu'un cheval peut facilement donner le jeu à un mouton pesant 1000^{l}, & l'élever à 28 pieds $\frac{4}{7}$ de hauteur par minute : cela feroit donc en seize minutes 457 pieds, pendant que les hommes, en triplant leur puissance, ne peuvent lui en donner que 360 dans le même espace de temps. La preuve est bien évidente, qu'un cheval peut produire plus d'effet en n'employant que les trois quarts de la puiſſance qu'on lui donne, que quarante hommes que l'on occuperoit à la ſonnette pour le même objet.

Cet animal a cette ſupériorité ſur les hommes parce qu'il ne prend pas de repos, & qu'il en faut néceſſairement aux hommes. On peut encore aſſurer que quand ils produiroient le double d'effet du cheval, celui-ci l'emporteroit encore par l'avantage d'élever le mouton à la hauteur que l'on deſire, & de le faire tomber de 6, 8, 10, 12 & 15 pieds, plus ou moins, ſuivant que le cas l'exige, pendant que les hommes ne peuvent pas lui donner une chûte de plus de 4 pieds.

DÉTAIL DES PIECES QUI COMPOSENT LA MACHINE.

A, le ſol; B, les couliſſes qui dirigent le mouton; C, les leviers ſur leſquels on attele les chevaux; D, les entretoiſes qui contiennent l'arbre & le tambour qui ſont ſous la lettre H; E, eſt le poteau; G, G, les montans qui s'aſſemblent à embrevement dans la piece à couliſſe qui reçoit le mouton; J, J, les cordes; K, le mouton; L, le cliquet qui contient le tambour ſur lequel s'enveloppent & ſe développent les cordes qui donnent le jeu au mouton; M, le pieu; N, les poulies; O, la piece en forme de potence qui porte les deux poulies qui ſervent pour mettre le pieu à pic; P, la poulie qui renvoie la corde au mouton, pour qu'elle ne ſe développe que ce qu'il faut pour lui laiſſer ſa chûte libre; Q, le rochet du bas du tambour, pour le contenir lorſqu'il éleve le mouton; R, le rochet du haut de l'arbre; S, le cliquet qui le contient avec l'arbre, & retient le mouton dans tous les degrés d'élévation que l'on desire.

Les pieces de cette machine sont représentées sous les mêmes lettres dans les deux planches.

CABESTANS A BÊTES DE TRAIT

POUR L'USAGE DES PORTS DE MER ET RIVIERES.

Pl. CIII, CIV & CV.

Les planches CIII, CIV & CV démontrent la construction de différents cabestans propres à décharger toutes sortes de marchandises, comme pierres, moëllons, &c., des vaisseaux ou bateaux sur les ports de mer ou de rivieres, au moyen des bêtes de trait, tirant en droite ligne ou sur les côtés.

Ces machines peuvent être de la plus grande utilité, & il sera très-facile de les établir, parce qu'il n'y a gueres de ports où il n'y ait suffisamment d'espace pour donner la course nécessaire à des chevaux. Ils ont ordinairement une pente naturelle vers les eaux : presque toutes les rives sont en talus ; il faut par conséquent beaucoup d'hommes pour faire les déchargemens de toutes especes, sur-tout des blocs de pierre & des moëllons : ces déchargemens exigent toujours de grands frais, soit qu'on les fasse à l'aide du cabestan à bras d'hommes, soit que les hommes roulent ou portent les fardeaux. En supposant un bloc de pierre d'une moyenne grosseur à décharger, il faut au moins quatre hommes pour donner le jeu au cabestan, un cinquieme pour diriger la corde sur le treuil, & un sixieme pour conduire les rouleaux qui portent le bloc. Toutes ces opérations demandent

demandent un temps considérable, au lieu que trois hommes occupés à charger & diriger les charrettes comme elles sont démontrées ici, & un cheval employé au cabestan, feroient plus de besogne dans un jour que trente hommes : on ménageroit donc ainsi beaucoup sur la dépense, & sur le temps qui est toujours précieux.

DESCRIPTION DE LA MACHINE.

On place une roue A en forme de tambour, comme elle est démontrée, au lieu des leviers que l'on met en usage pour employer les hommes qui servent les cabestans ordinaires ; il faut proportionner le diametre de cette roue qui doit être en forme de tambour, au fardeau que l'on veut décharger. En le supposant de 3 pieds de diametre, & le treuil de 3 pieds de circonférence (la forme de ce dernier, comme l'on voit, éventrée en figure conique dans son centre, pour que les cordes s'y contiennent), le cheval étant attelé sur un rayon A de 18 pouces de longueur ; le treuil B sur lequel les cordes qui servent pour tirer les fardeaux C, ayant 6 pouces de rayon, le cheval multipliera sa force trois fois, laquelle estimée au moins 200^{l}, parce qu'elle n'est que momentanée, produira par conséquent un effort de 600^{l} sur le charriot C qui seroit chargé. Le même effet aura lieu sur les blocs de pierre que l'on voudroit décharger par le moyen des rouleaux (comme il est démontré par la p lancheCV), en faisant conduire le cheval par un homme qui auroit soin de le faire arrêter lorsque celui qui conduiroit le rouleau & le bloc l'en préviendroit. Ce cabestan est d'une autre construction que les précédens. On y a repréſenté un cheval, pour montrer la mécanique de ſon jeu. Il ne paroît pas qu'il ſoit aſſez ſolide pour réſiſter aux efforts d'un ou pluſieurs chevaux, ſi l'on jugeoit à propos de les y employer, en cas que les fardeaux l'exigeaſſent : il pourroit être ſujet à renverſer, le trait des chevaux étant ſur le côté, comme il eſt démontré, ſi on ne prenoit la précaution d'y ajouter un point d'appui ; on laiſſe à la prudence de ceux qui voudront en faire uſage, de le placer comme il convient. Les deux premieres planches, CIII & CIV, démontrent un cabeſtan à-peu-près de la forme ordinaire, dans l'une, vu en plan, & dans l'autre en perſpective : il n'y a de différence que dans le tambour & le treuil.

Ces cabeſtans peuvent ſe tranſporter & changer de place, comme ceux dont l'on fait uſage ordinairement.

On voit par les mêmes planches que le cheval, tirant d'un côté, fait développer la corde D ſur le tambour, & fait envelopper l'autre E qui eſt oppoſée, pour qu'à ſon retour on puiſſe l'y atteler, afin de faire monter l'autre corde qui tire un autre bloc.

Pour les charrettes dont on peut faire uſage, comme il eſt démontré par les deux premieres planches, il n'eſt pas néceſſaire de conduire celle qui eſt vuide, parce que la pente naturelle la conduit à ſa direction lorſqu'elle eſt déchargée.

Il faut obſerver que les frottemens ſont bien moins conſidérables ſur le cabeſtan propoſé que ſur ceux dont on ſe ſert ordinairement, parce que dans ces derniers le pivot & le collet du haut ſont pris dans la même piece de bois qui forme le treuil : l'un & l'autre ſont par conſéquent fort gros, & occaſionnent des frottemens en quantité ; au lieu que l'arbre dont l'on doit faire uſage dans celui que je propoſe n° 1er & n° 2, étant de fer, le frottement ſe trouve réduit à très-peu de choſe en comparaiſon du premier.

Il ſeroit très-avantageux de faire uſage de ces cabeſtans pour les foſſés, les redoutes & autres fortifications que l'on eſt obligé de faire à bras d'hommes, avec des brouettes, ce qui coûte beaucoup ; &, par ce procédé, on pourroit abréger plus des trois quarts ſur la main-d'œuvre, & accélérer conſidérablement les travaux. Il ne réſulteroit pas plus d'inconvénient de la pente pour les charrettes que pour les brouettes.

AUTRE GRUE A MANEGE

POUR LES CARRIERES, MINES ET MINIERES.

Cette machine, démontrée ici ſous le plan & deux différentes perſpectives, peut être d'une grande utilité pour les carrieres, mines & minieres. Celles que nous avons offertes juſqu'ici avoient un jeu de trait en figure directe ou de côté ; celle-ci eſt à manege ſimple. Nous aurions dû la donner à la ſuite des premieres : mais l'idée ne nous en étoit pas encore venue ; elle eſt claſſée ici à l'inſtant même où elle a été imaginée. Pl. CVI, CVII & CVIII.

Comme nous ſommes entrés dans tous les détails néceſſaires à l'article des autres grues, nous nous bornerons à ne donner que la démonſtration des pieces de celle-ci.

A, A, &c., ſont les pieces de la charpente du haut;

B, tambour ſur lequel s'enveloppe & développe la corde C, C, &c., pour élever le fardeau D, D. Le puits d'où l'on tire les matériaux eſt ſous la lettre E, E; F, F, deux autres tambours dont on ne voit que la coupe d'un ſeul dans le plan, placés ſur l'arbre G, pour donner le jeu à la corde; H, H, ſont les leviers portant les palonniers I, I, auxquels on attache les chevaux; K eſt une eſpece de tringle ou levier en bois, armé d'une pointe de fer à l'une de ſes extrémités, & monté à charniere à l'autre. Ce levier, qui traîne après le cheval, lorſque la machine eſt en jeu, ſert à arrêter cette machine à volonté, en ſe fichant en terre, au moyen de quoi le fardeau reſte ſuſpendu à la hauteur où il ſe trouve alors. L, L, &c, poteaux qui portent la charpente A, A, &c.; M, M, &c., pieces de point d'appui des poteaux; N, N, &c., pieces qui forment la baſe de la machine; Q eſt une dalle ſur laquelle poſe le pivot de l'arbre G; enfin, P, P, ſont la corde qui enleve le fardeau.

MACHINE A ENFONCER LES PIEUX,

MUE PAR LE SEUL POIDS DES HOMMES.

Pl. CIX, CX & CXI.

Ces trois planches démontrent une machine à enfoncer les pieux par le ſeul poids du corps des hommes, ſans qu'ils ſoient obligés de faire aucun effort, ni même aucun mouvement pour lui donner le jeu. Ils peuvent élever le belier à la hauteur de 6, 12, 18 pieds, & même plus, s'il eſt néceſſaire, auſſi promptement qu'avec la machine à piloter dont on ſe ſert ordinairement.

Les hommes employés à cette beſogne ſont armés d'une

ſellette avec des courroies qui les entourent. Au bout de ces courroies s'adapte un crochet, par lequel ils s'accrochent aux cordes à nœuds : le poids de leur corps les fait ainſi deſcendre perpendiculairement autant qu'il eſt néceſſaire pour élever le mouton à la hauteur qu'on a déterminée.

Il n'y a point de Mécanicien qui ignore que la plus grande puiſſance de l'homme eſt celle de ſon propre poids ; de quelqu'autre maniere qu'on puiſſe l'employer, il ne peut produire un même effort continu au-delà de 20 ^{l}, quoiqu'on lui admette la poſſibilité d'en donner un de 25. On eſtime ordinairement la peſanteur des hommes à 150 ^{l} : on peut donc conclure de cette comparaiſon, qu'un homme peut produire autant d'effet avec la machine propoſée, que ſix employés à celle dont on connoît l'uſage. Nous ajouterons encore que les hommes fatigueront moins à cette manœuvre qu'à toute autre de cette eſpece. De-là il réſulte que ſept hommes, peſant chacun 150 ^{l}, comme on le ſuppoſe, peuvent donner le jeu à un mouton de 1000 ^{l}, avec la faculté de diriger ſa chûte.

Cette machine eſt réduite au degré le plus ſimple poſſible. Il n'y a d'autre frottement que celui de deux axes ; il n'y a pas même de perte ſur le poids des cordes qui ſervent à élever le mouton, parce qu'elles s'enveloppent d'un côté lorſqu'elles ſe développent de l'autre.

Les planches CIX & CX repréſentent cette machine ſous deux perſpectives différentes, & la planche CXI offre les différentes pieces détachées qui en forment le jeu.

DESCRIPTION DE LA MACHINE.

A, A, &c., ſont les pieces de bois qui lui ſervent de baſe ; B, B, les deux montans qui forment la couliſſe où paſſent les queues qui dirigent le mouton O dans ſon opération ; C, C, &c., les quatre pieces qui ſervent de contre-fiches ; *d*, *d*, &c., les entre-toiſes du devant pour la ſolidité de la machine : ces pieces ſervent auſſi à placer les planches E, E, &c. qui forment les trois étages, d'où les hommes s'accrochent aux cordes à nœuds, comme il eſt démontré, de l'un ou de l'autre de ces étages, ſelon la hauteur qu'ils veulent donner à la chûte du mouton ; F, l'échelle qui ſe place & ſe déplace à volonté ; G, la poulie en forme de tambour, ſur laquelle s'enveloppe la corde ſans fin qui éleve le mouton. Il y a un rochet adapté à cette poulie pour l'arrêter par le moyen d'un cliquet L, placé ſur le tambour H, lorſqu'on éleve le mouton : ce tambour doit être monté quarrément & ſolidement ſur un côté de l'arbre qui porte la poulie & un autre rochet J, viſible pl. CX ; lequel rochet, empêchant en tout temps la rétrogradation dudit arbre au moyen du cliquet K, laiſſe libre la rotation des tambours & de la poulie dans le ſens du tirage des hommes, lorſque, par leur poids, ils font monter le mouton. Ainſi, les hommes qui ſervent cette machine, dès qu'ils ſont en bas, ſe décrochent ſans danger, montent ſur le plancher d'en-haut, & lâchent le cliquet L qui retient la poulie ; alors la corde ſans fin ſe développe d'un côté pour donner la chûte au mouton, & ſe renveloppe de l'autre ſens ſur la même poulie. Le tambour M eſt également fixé ſur le quarré de l'arbre qui porte la poulie G. N, N, &c. d'autres entre-toiſes contenant les deux contre-fiches & les deux pieces qui forment la couliſſe; P, l'entre-toiſe qui aſſemble ces pieces; Q, Q, &c, pieces qui forment le châſſis du haut; R, la piece de bois qui porte les poulies T, T, ſous leſquelles paſſent les cordes à nœuds; V, autre petite piece portant une poulie où paſſe la corde ſans fin qui donne le jeu au mouton; S eſt le pieu qui n'eſt viſible que dans la planche CX; & enfin, O, le mouton.

La planche ſuivante, repréſentant la machine vue ſur le côté, eſt marquée des mêmes lettres qui peuvent être viſibles.

La troiſieme planche démontre les principales pieces détachées qui donnent le mouvement de cette machine: on y voit, lettre A, que l'arbre eſt rond à l'endroit où doit être la poulie en forme de tambour C, & quarré aux deux extrémités B, C, pour recevoir les deux tambours M, H, leſquels portent de petites ſourches de fer, pour empêcher que les cordes ne coulent ſur le tambour ſans le faire tourner, lorſque les hommes y ſont placés.

La figure 2 offre la charpente du tambour H, garnie de la piece de fer repréſentée ſous deux faces n° 3, & ſurmontée de ſon cliquet L, démontré dans la même planche ſéparément.

Le tambour H porte encore le rochet J. La figure du cliquet K eſt auſſi démontrée à part avec la piece de fer dans laquelle il eſt monté à charniere, & les deux boulons qui ſervent à attacher cette piece de fer: ce cliquet ſert principalement pour prévenir les accidens qui pourroient résulter de l'imprudence des Manœuvres, lesquels, en se décrochant les uns sans les autres, feroient courir un danger évident à leurs camarades, parce qu'ils seroient infailliblement emportés par le mouton lorsqu'il seroit lâché.

MACHINE A ARRACHER LES PIEUX.

Un Ingénieur fort instruit me fit observer un jour qu'il y a des circonstances où il seroit intéressant d'avoir une machine propre à arracher les pieux pour accélérer l'ouvrage. Il me communiqua ses idées & un plan à ce sujet ; mais il me parut que l'effet d'une machine exécutée d'après ce plan, seroit trop lent & trop foible pour une telle opération : je me suis donc occupé à en imaginer une qui pût remplir l'objet avec plus de force & de facilité. Les deux planches qui vont suivre feront aisément sentir la possibilité de sa construction.

Description des pieces qui composent cette Machine.

Pl. CXII & CXIII.

A offre une roue de 8 pieds de diametre, en forme de tambour, portant une corde F qui communique à l'arbre E, de 6 pouces de diametre, sur lequel elle s'enveloppe par la puissance de la lanterne D ; laquelle lanterne est mue par le rochet G : cette lanterne doit avoir 3 pieds de rayon, & le rochet 6 pouces de diametre. B est la corde destinée à arracher le pieu P, en s'enveloppant sur le treuil C, d'un pied de diametre : ce treuil porte le tambour. N est un arbre de de fer qui traverse la machine, & sur lequel est monté le rochet. A chaque bout de cet arbre sont placées deux manivelles I, I, de 15 pouces de rayon chacune; T est une pince ou tenaille dont on peut se servir en l'ajoutant au bout de la corde, au lieu du nœud de celle-ci, pour prendre la piece qu'on veut arracher. Cette figure n'est pas exactement démontrée ici; elle doit être faite de maniere à embrasser la piece perpendiculairement.

Les chevilles qui paroissent sur les deux côtés du tambour sont destinées pour enlever la piece avec les mains, lorsqu'on n'a plus d'autre résistance à vaincre que celle de son poids, &, par cette opération, à abréger considérablement l'ouvrage.

Ces deux planches offrent la perspective de la machine sous deux points de vue.

DÉMONSTRATION.

Les manivelles ayant 15 pouces, & le rochet 3 de rayon, les hommes occupés à ces manivelles multiplieront cinq fois leur force, que l'on peut estimer au moins à 60 ˡ chacun pour un coup de main, & il n'en faut pas deux pour ébranler un pieu avec cette machine, lorsque l'on a assez de force. Le pieu, une fois dérangé, n'exige plus que l'effort équivalent à son poids pour être enlevé. Actuellement, en supposant un homme à chaque manivelle, & multipliant la force de ces deux hommes cinq fois par 60 chacun, ils produiront un effort de 600 ˡ sur la lanterne, dont nous avons établi le rayon à 3 pieds, & sur le treuil ou arbre E dont le diametre doit être de 6 pouces, comme nous l'avons dit ; & cette lanterne recevant au moyen du rochet cet effort de 600 l, le multipliera douze fois en raiſon de ſon rayon, ce qui fera une puiſſance de 7200 l qu'elle communique au tambour. Ce tambour ayant 4 pieds de rayon, le treuil 6 pouces, il multiplie la force qui lui eſt communiquée, huit fois ſur le treuil ; cela fait un effort de 57,600 l ſur le pieu, que deux hommes peuvent produire ſans beaucoup de peine par un coup de main. Si cette force n'étoit pas ſuffiſante, on pourroit employer quatre hommes, deux à chaque manivelle, alors ils produiroient enſemble une force de 115,200 l ; & ſi l'on ne pouvoit pas ſe procurer quatre hommes à-la-fois, les deux premiers n'auroient qu'à faire uſage d'un levier de fer chacun, de 5 pieds de longueur, portant une clef à un bout, comme celles dont on fait uſage pour les cris de carroſſes. En plaçant ces deux clefs au lieu des manivelles, les deux hommes multiplieroient encore leur force premiere de quatre fois de plus ; ils formeroient donc un effort de 230,400 l. Ajoutons, ſi l'on veut encore, le poids de leurs corps, que nous n'avons pas compris dans l'eſtimation de 60 l à laquelle nous avons porté leur ſimple effort ſur les manivelles ; cela fera, en n'eſtimant ce poids qu'à 120 l pour chacun, une augmentation de moitié de puiſſance auſſi pour chacun, qui produira au total, pour les deux, un effet de 460,800 l dans le jeu de cette machine pour arracher un pieu. Tel eſt l'effort que deux hommes de la plus petite conſtitution pourroient produire ; je doute fort qu'il y ait un pieu, ni même un arbre le mieux enraciné, qui puiſſe tenir contre le quart de cette force.

CHARRETTE A ARBALÊTE

POUR LES GROS FARDEAUX.

Ces planches offrent ſous les deux points de vue du plan & de la perſpective une forte charrette à arbalête ou timon propre à charrier les gros fardeaux, comme moëllons, blocs de marbre & de pierre, &c. Pl. CXIV & CXV.

Cette voiture n'ayant point d'eſſieu, ſera plus ſûre que celles dont on ſe ſert ordinairement, & elle éprouvera beaucoup moins de frottemens. Ses roues doivent avoir 7 pieds de diametre; leurs leviers étant plus grands que ceux des roues à eſſieu, elles rouleront plus facilement, & le tirage ſera plus doux. Elles ſont montées & roulent chacune ſur un boulon à tête d'un côté, & à écrou de l'autre pour les contenir: ces boulons ſont moins ſujets à caſſer que les eſſieux. Cette conſtruction évitera donc la plus grande partie des accidens qui arrivent très-fréquemment dans l'uſage des charrettes ordinaires. Il ne s'agira que d'avoir ſoin de faire changer les boulons lorſqu'on s'appercevra qu'ils ſont uſés.

Les avantages qui réſulteroient pour le Public de l'établiſſement de ces ſortes de voitures, méritent l'attention du Gouvernement. Les groſſes voitures, les fourgons & les diligences abîment les routes publiques, parce que les jantes de leurs roues ſont trop étroites, de maniere que ces routes ſont ſouvent impraticables. Si elles ſont pavées, il ſe fait des jours entre les pavés qu'elles écornent: ceux-ci une fois éclatés & dérangés de leur place, une autre voiture fait un trou ; & si l'on ne le répare promptement, il en résulte des accidens : il faut perpétuellement des pavés neufs pour remplacer les vieux, ce qui occasionne une dépense considérable. Il en est de même dans les Villes & Villages par lesquels passent toutes ces voitures. Ces sortes de roues font encore beaucoup plus de dégâts sur les routes qui ne sont pas pavées ; elles y font des ornieres si profondes, qu'il seroit impossible de les pratiquer si les Communautés ne s'occupoient sans cesse à les réparer : mais ces corvées absorbent le plus précieux de leur temps, les dérangent de leurs travaux domestiques, ou bien leur arrachent leur plus pure substance, par l'imposition à laquelle elles sont assujetties.

Il seroit possible d'obvier à ces inconvéniens par une Ordonnance qui fixeroit un temps pour user les voitures actuelles, ordonneroit qu'après cela les Entrepreneurs de toutes voitures publiques ou autres, du roulage, &c., même les particuliers, seroient tenus de faire faire leurs voitures à larges jantes, & défendroit aux Charrons de construire des roues dans d'autres proportions.

Nous croyons qu'il faudroit donner à ces jantes au moins 6 pouces, 6 pouces & demi à 7 pouces de largeur ; alors les charrettes ne briseroient plus les pavés, & ne feroient plus d'ornieres. La Ville de Paris seule éprouveroit une économie immense de l'établissement de ces nouvelles jantes. Quelle seroit celle pour toutes les routes du Royaume ? comment estimer l'avantage qu'en retireroit le bien public ?

L'Angleterre nous a donné l'exemple : aussi les routes y sont-elles toujours tenues en bon état, & coûtent-elles peu d'entretien.

Un des plus grands avantages de cette voiture eſt celui de pouvoir porter les plus gros fardeaux en-deſſous, comme il eſt démontré planche CXV. On abaiſſe juſqu'à terre le châſſis qui doit porter la charge, & on l'éleve lorſqu'il eſt chargé, à la hauteur néceſſaire, par le moyen des chaînes & treuils. On doit juger de-là que cette voiture ſera moins ſujette à caſſer ou verſer que celles qui ſont chargées en-deſſus, parce qu'elles éprouvent moins de cahos & de vacillations.

On pourroit objecter que ces ſortes de voitures feroient fort cheres à conſtruire, parce qu'il y a deux ou trois bandes à chaque roue, comme il eſt démontré par ces planches. Mais ſi on veut faire attention qu'une paire de roues de cette façon feroit autant d'uſage que trois paires des voitures actuelles, & penſer à l'avantage qu'elles procureroient de ménager beaucoup les chevaux, parce qu'il n'y auroit jamais d'ornieres ni de trous ſur les routes, & qu'elles feroient beaucoup plus roulantes que les petites roues, on les préférera infailliblement à celles dont on ſe ſert. S'il pouvoit y avoir des inconvéniens dans la conſtruction de ces voitures, ils ne conſiſteroient que dans la charpente qui contient les roues. Il n'eſt donc queſtion que de la faire aſſez forte; le tout dépend du plus ou du moins d'épaiſſeur du bois. Et qu'on ne craigne pas que cela rende les voitures trop lourdes; car, quelque force qu'on puiſſe donner à cette charpente, elle n'aura jamais beaucoup plus de peſanteur que celle dont on fait uſage avec eſſieu en fer, lequel peſe juſqu'à 400' dans les groſſes voitures. L'eſſentiel n'eſt que de lui donner aſſez de solidité par les pieces d'assemblage, pour qu'elle ait tous les avantages qu'on en peut desirer pour le commerce.

Une derniere objection qu'on pourroit faire seroit sur la difficulté de déplacer & replacer les roues, lorsqu'il s'agiroit de les graisser : cette objection tombe d'elle-même, parce que ces roues, une fois placées, ne doivent plus être déplacées. On ne défait que les boulons pour leur mettre un peu d'huile, afin d'humecter la boîte de cuivre qui traverse le moyeu d'outre en outre : au moyen de cette boîte on évite l'usage de la graisse, qui, pénétrant les moyeux par les gerçures qu'ocasionnent les grandes chaleurs, les mine peu-à-peu & les détruit.

Dans le cas où l'on trouveroit trop de difficultés à adopter cette sorte de charpente, telle qu'elle est démontrée dans les planches, & où l'on voudroit conserver l'ancienne forme, il faudroit toujours faire les roues telles que nous les indiquons : on ne pourroit les faire plus basses sans perte sur le roulage, & plus étroites sans tomber dans les mêmes inconvéniens que nous venons de combattre.

Description de cette voiture.

A, A, sont les deux roues placées dans leurs brancards B, B, &c. : ces brancards sont composés de quatre pieces chacun ; il n'y en a ici que la moitié de visible. C, C, sont les palonniers attachés aux brancards ; D, D, D, &c., les huit pieces qui assujettissent ces brancards ; E, E, les cylindres qui élevent le fardeau : ces cylindres sont ici repréſentés très-gros, pour qu'ils ſoient plus ſenſibles. J, J, J, ſont les palonniers & le timon. F, F, planche CXV, une des pieces qui forment un châſſis ſur lequel on peut placer les fardeaux. On a repréſenté dans cette planche une charge en moëllons ſous la lettre H, H. G, G, ſont deux des cordes ou chaînes qui élevent la charge ; les autres ne ſont pas viſibles.

Il faut obſerver que le Graveur a trop multiplié les boulons dans la planche CXIV. On verra aiſément, par les places où il les a mis, que la plus grande partie eſt inutile.

La voiture que nous venons de décrire peut devenir un fourgon à deux roues, en y ajoutant un caiſſon. C'eſt ſous cette forme que j'offris, il y a ſix ou ſept ans, à la Direction des Vivres, le modele que j'en avois fait faire, ainſi que celui de la planche ſuivante.

FOURGON A QUATRE ROUES,

AVEC CAISSON A L'USAGE DES ARMÉES, &c.

Cette voiture eſt démontrée ici en perſpective, le caiſſon ouvert. Sa conſtruction eſt abſolument la même que celle de la précédente, à l'exception de l'avant-train dont la charpente & les roues ſont beaucoup plus petites. La planche offre aſſez clairement la maniere dont cet avant-train doit être monté pour avoir le jeu des caiſſons ordinaires. Nous croyons donc inutile d'entrer dans aucun détail, non-plus que de mettre des lettres à cette planche, celles des précédentes ſuffiſant pour montrer les pieces. Nous ne dirons

Pl. CXVI.

rien non plus de la construction du caisson qui est généralement connue, & particulierement des Entrepreneurs des Vivres auxquels il est le plus utile.

Nous observerons seulement qu'il y auroit plus d'avantage à se servir de préférence de fourgons à deux roues, parce que les roues de l'avant-train de ceux à quatre étant fort basses, occasionnent plus de frottement, sont plus sujettes à s'embourber, exigent par conséquent plus d'efforts, & enfin occupent plus de terrein dans les routes, ce qui mérite beaucoup de considération.

Cette voiture peut être aussi chargée pardessous jusqu'à la distance convenable de l'avant-train pour lui laisser tout son jeu, en donnant au train de derriere les mêmes proportions que celles du fourgon à deux roues.

Il y a environ douze ans, qu'au retour d'un voyage que j'avois fait à Londres, je proposai l'établissement de ces voitures; je ne fus pas écouté, & je n'en parlai plus. Mais au milieu de mes occupations mécaniques, je me sentois toujours tourmenté par cet objet d'intérêt public. Je ne pouvois pas entreprendre le plan d'une machine, que celui de celle-ci ne vînt perpétuellement s'offrir à mon imagination. Je me décidai donc enfin à en faire les modeles dont j'ai parlé à l'article précédent; ils sont toujours chez moi, où il a été libre à tout le monde de les voir.

Ce second Volume étoit déjà commencé à imprimer; cet article étoit rédigé, lorsque nous avons lu avec plaisir, dans le Journal de Paris, qu'une Société savante s'étoit récemment occupée du même objet. Nous nous sommes empressés de recueillir & de joindre ici ce qui en a été dit dans

cette

cette Feuille périodique, persuadés que nos Lecteurs nous sauront gré de le mettre sous leurs yeux.

EXTRAIT du Journal de Paris, du Samedi 6 Juillet 1782, N° 187, page 764, sous le titre Economie.

« L'Académie des Sciences, Belles-Lettres & Arts de Lyon » a proposé, pour sujet du prix de 1781, les avantages des » roues à larges jantes. MM. Boulard, Architecte de Lyon, » & Margueron, se sont réunis pour traiter cette question. » Leur Mémoire, qui a obtenu le second *Accessit* du prix, » vient de paroître dans le Recueil des Observations sur la » Physique, &c. Nous pensons qu'on ne peut donner trop » de publicité aux Ouvrages qui traitent de cet objet, & qui » intéressent si essentiellement la conservation des grandes » routes. La préférence des charriots sur les charrettes, celle » des roues à larges jantes sur les roues à jantes étroites, ne » sont plus des problêmes. L'intérêt du Gouvernement, du » Commerce, l'intérêt même des Rouliers, enfin l'exemple » de l'Angleterre, tout sollicite en faveur de l'adoption des » charriots, & sur-tout des roues à larges jantes. Les Savans, » les Académies, dix mille voix se réunissent pour opérer » cette révolution, & elle n'aura lieu qu'autant qu'elle sera » prescrite par une loi formelle, parce que la routine & » l'usage l'emportent sur l'intérêt public, & que l'intérêt » public n'est rien pour la plupart des hommes, en morale » comme en politique. Tel est l'usage que l'homme fait de » sa liberté.

» Les roues à jantes étroites dégradent les chemins pavés, » rendent bientôt impraticables ceux qui ne le ſont pas » ou qui ne ſont que ferrés, par la profondeur & la multi- » plicité des ornieres & des trous; alors le tirage devient plus » difficile. Le Voiturier met beaucoup plus de temps à faire » ſa route; les cahots abîment la voiture, briſent ſouvent les » eſſieux, fatiguent horriblement les chevaux; enfin les » marchandiſes en ſouffrent. Une Ordonnance du Roi de 1718 » & une Déclaration de 1724 fixent la charge & le nombre des » chevaux qu'on peut mettre aux voitures à deux roues: mais » ces Loix ſont ſans exécution. En Angleterre, le poids des » voitures eſt proportionné à la largeur des jantes des roues; auſſi » les grandes routes ſubſiſtent-elles plus long-temps, & ne ſe » détruiſent-elles pas auſſi promptement qu'en France. L'Etat » y gagne par le peu de réparations qu'exigent les grandes » routes; le Commerce n'éprouve point de retard, & le » Roulier eſt bien dédommagé de l'excédant de dépenſe » qu'exigent les larges jantes, par la ſolidité & la durée » des roues. On y préfere auſſi les charriots à quatre roues; » ils ſont plus roulans, même dans un chemin raboteux (1), » & ils portent des fardeaux plus conſidérables. Loin de faire » des ornieres, les roues à larges jantes effacent celles des » roues étroites, & applaniſſent les chemins; elles compri- » ment ceux qui ſont ſablonneux, & leur donnent de la » ſolidité; enfin, les roues à larges jantes n'ont aucun in-

(1) Nous ne ſommes pas du même avis à cet égard, à cauſe du frottement plus conſidérable, &c., comme nous l'avons dit à l'article précédent.

» convénient, & réuniſſent nombre d'avantages. Nous n'en-» trerons point dans le détail des expériences faites par les » Auteurs de ce Mémoire ; nous nous ſommes bornés à en » donner les réſultats ».

MACHINE A MANEGE,

POUR RAPER LE TABAC.

La machine pour râper le tabac, dont j'ai démontré la conſtruction *planche XXVII de mon premier Volume*, eſt à pédales, par conſéquent mue par des hommes : celle que j'offre ici eſt à manege, c'eſt-à-dire mue par des bêtes de trait, dont le nombre ſera ſubordonné à la force de réſiſtance que donnera le plus ou le moins de bouts de tabac qu'on voudra râper à-la-fois. Pl. CXVII & CXVIII.

Cette machine peut être très-avantageuſe pour les Fermes, les Entrepôts de tabac, & pour ceux qui en diſtribuent beaucoup, en ce qu'elle procure plus de cinq ſixiemes d'économie ſur la main-d'œuvre, toujours rare & chere, & l'agrément de ne pas être expoſé au caprice des Ouvriers.

La planche CXVII repréſente le plan, & la ſuivante la perſpective.

DESCRIPTION DES PIECES QUI LA COMPOSENT.

A, A, A, A, le ſol; B, B, B, B, les points d'appui ou contre-fiches des différentes charpentes; C, C, C, C, &c. les pieces formant la charpente du haut qui donne le jeu à la machine; *d*, *d*, *d*, *d*, les quatre pieces qui aſſemblent la charpente de la cage dans laquelle eſt poſé le châſſis de la râpe : ce châſſis, marqué E, E, E, E, eſt monté ſur quatre roulettes, pour éviter les frottemens lorſqu'il va & vient; F, F, ſont les deux pieces placées en croix au haut de la machine, dans leſquelles paſſe l'arbre de fer, pour aller reſſortir à travers deux autres pieces également en croix, ou d'une forte piece de bois à tenons qui traverſe la charpente. Cet arbre de fer doit être bien aſſujetti dans ces deux croiſées. H eſt le cylindre où ſont les moules dans leſquels on place les bouts de tabac. Ce cylindre doit avoir un trou rond dans le milieu pour recevoir l'arbre de fer qui doit être auſſi néceſſairement rond dans cette partie. Au bout de l'arbre eſt également un trou où l'on place une clavette, & pardeſſus cette clavette une rondelle pour tenir ſuſpendu le cylindre, & lui laiſſer la liberté de tourner ſur lui-même, tantôt d'un côté, tantôt de l'autre, par le moyen des cordes J, J, tandis que la râpe va & vient dans le ſens contraire, par le mouvement que lui donne la portion de lanterne K, en engrénant alternativement dans les alluchons placés dans les pieces qui forment le châſſis L (On ne voit qu'une partie de ces alluchons); en ſorte que le tabac ſe râpe de tout ſens, ſans aucune bavure, & ſans s'échauffer. On voit, d'après ce jeu, que l'arbre doit être entiérement noyé dans le cylindre, parce qu'il ne faut pas qu'ils touchent la râpe ni l'un ni l'autre, mais qu'ils en ſoient le plus près poſſible. M eſt la grande roue qui engrene dans la lanterne N, placée ſur le même arbre Q, & derriere la demi-lanterne K. R, R, &c., ſont les leviers qui portent les palonniers O, O, &c., auxquels on attache les chevaux, ou autres bêtes de trait; P, P, les deux pieces formant la croiſée qui porte le tourillon de la grande roue ; S, l'entre-toiſe portant le tourillon de l'arbre ; Y, Y, la râpe : cette râpe doit être faite en lames de ſcies traverſées par des pieces de fer plates pour les contenir.

Les mêmes lettres ſont placées ſur les mêmes pieces dans la perſpective : mais il y a ſur cette derniere planche des pieces qui ne ſont pas viſibles dans la précédente, nous allons les détailler. T, T, T, T, &c., ſont les poteaux qui forment les cages de cette machine ; U, U, les entre-toiſes ; X, une des pieces qui forment le ſol de la charpente de la râpe, les autres ne ſont pas viſibles ; Z, caiſſe où tombe le tabac râpé ; & eſt l'arbre qui porte la grande roue ; *a*, *a*, deux des bras qui ſoutiennent la roue, les autres ne ſont pas viſibles.

MACHINE A PILOTER, A MANIVELLES.

Cette planche offre ſur le côté la même machine démontrée en face *planche XL du premier Volume.* Pl. CXIX.

J'ai ſuppoſé alors qu'on n'occuperoit que deux hommes à cette machine comme ſuffiſans pour donner le jeu à un mouton peſant de 4 à 500 l ; ils le feroient en effet dans la plus grande partie du pilotage, parce qu'on a l'avantage d'élever le mouton à la hauteur que l'on deſire, par conſéquent d'augmenter d'autant la force de ſa chûte. Mais il pourroit arriver qu'on voulût mettre en uſage des beliers beaucoup plus lourds, ſoit pour mieux aſſurer les fondations, ſoit pour accélérer la beſogne : alors il faudroit augmenter la force des moteurs, c'eſt-à-dire, employer quatre hommes au lieu de deux.

Actuellement, faiſons le calcul de l'effet de cette machine : je donne un pied de rayon aux manivelles, 6 pouces de diametre à la lanterne, 4 au rochet, & 3 de circonférence au treuil. Cela poſé, les hommes multipliant leur force huit fois, cette force évaluée à 25 l par chaque homme formera une puiſſance de 800 l. Quatre hommes donneront par conſéquent le jeu à un mouton de ce poids ſans difficulté, parce que l'effort n'eſt que momentané dans ces ſortes d'ouvrages.

Cette machine ſera utile pour les lieux où il ne ſera pas poſſible de ſe ſervir de celle à manege, ou de celle mue par le ſeul poids du corps des hommes, auxquels nous donnerons toujours la préférence quand on pourra les employer.

On doit juger que les rochets L & I doivent être en fer, de même que l'arbre qui les porte, ainſi que la lanterne M & ſon arbre, & les manivelles.

Les lettres de cette planche étant les mêmes que celles de la planche XL, nous croyons inutile d'en donner une nouvelle deſcription.

ÉCHELLE

POUR PORTER DU SECOURS DANS LES INCENDIES.

Pl. CXX.

Cette échelle eſt d'un auſſi facile tranſport que les pompes dont on fait uſage pour porter du ſecours dans les incendies. On voit, par la perſpective qu'offre la planche CXX, qu'elle eſt montée ſur des roues comme les pompes. Elle eſt briſée dans ſon milieu, & peut, par conſéquent, s'ouvrir & ſe fermer au moyen de la charniere placée à ſa briſure. Les leviers de la briſure ſervent à lui faire faire la baſcule pour l'ouvrir, &, lorſqu'elle eſt fermée, de brancards pour la conduire. Il y a peu de maiſons ou de bâtimens dont elle ne puiſſe atteindre le comble, peu de rues étroites ou larges où elle ne puiſſe être de la plus grande utilité. Dans les dernieres, il n'y a pas de doute ſur la facilité de l'employer; & dans les premieres, il ne s'agiroit que de paſſer une piece de bois d'un côté de la rue à l'autre pour recevoir le haut de l'échelle, lorſqu'on lui fait faire la baſcule. Il n'eſt pas néceſſaire de dire que dans le jeu de cette échelle, le pied qui porte à terre, doit être ſolidement arrêté par des pieux ou autres moyens faciles à trouver ſelon le local.

Combien de malheureuſes victimes n'eût pas ſauvé une machine de cette eſpece, ſi elle eût été connue plutôt & qu'on en eût fait uſage! combien de meubles précieux n'eût-elle pas ſouſtraits à la fureur des flammes! combien de fortunes n'eût-elle pas conſervées! O mes Concitoyens, permettez à mon cœur de jouir d'avance du plaiſir pur d'avoir pu vous offrir un ſecours dont vous ſentirez bientôt les effets précieux pour l'humanité! Plû t-à-Dieu cependant que cette échelle ne fût jamais néceſſaire! mais l'expérience journaliere ne prouve que trop qu'il eſt ſage même de prévoir le malheur.

A l'avantage de communiquer de l'eau avec des ſeaux, ou de diriger les tuyaux des pompes, cette échelle réunit celui de pouvoir faire defcendre, des plus hauts étages, les malheureux auxquels le feu a fermé toute iffue & tout efpoir de fe fauver.

Comme cette machine eft fimple & fort légere, on peut la conftruire à trois & quatre branches, ce qui formeroit deux & trois échelles, & par-là on multiplieroit les fecours.

Les proportions de cette échelle font fubordonnées à la hauteur qu'on veut lui donner, & celles des roues & de leur voie aux proportions de l'échelle & au nombre de branches dont on la conftruira. Nous penfons qu'en général les roues doivent être fort hautes, pour la facilité du tranfport & l'élévation de l'échelle, mais les plus légeres poffibles.

On voit fur la planche un homme qui dirige un tuyau de cette pompe : cette repréfentation n'eft pas exacte, & l'attitude ne paroît pas poffible, en ne fuppofant la machine qu'à une échelle. Dans ce cas, il faudroit qu'il fût à genoux ou à califourchon.

On juge bien que la machine ayant deux & trois échelles, ce fera deux & trois hommes qui pourront travailler en même temps.

Nous avons cru inutile de mettre des lettres à cette planche. La machine eft trop fimple, la perfpective en offre trop bien le jeu, & tout le monde connoît trop bien la conftruction des échelles pour que nous donnions la defcription des pieces.

Il n'eft point d'édifice ni de dépôt public où il ne fût intéreffant d'avoir de ces fortes d'échelles. Tous les parti-

culiers

culiers ne peuvent pas en faire construire : mais nous croyons que tous les gens riches, tous ceux qui ont des châteaux & des hôtels devroient s'en procurer, parce qu'en attendant que les pompes soient arrivées dans les Villes, ou qu'on ait rassemblé les secours nécessaires dans les Campagnes, ils pourroient toujours, avec très-peu de monde, commencer, par le moyen de cette machine, à passer de l'eau, à éteindre le feu, ou à démeubler, &c.

FOURNEAU ÉCONOMIQUE.

Ce fourneau offre une économie considérable, tant sur le bois que sur le charbon, dont on fait une si grande consommation dans les cuisines de toutes les personnes qui tiennent un certain état : ce fourneau est à trois étages ; on peut faire cuire au premier un pot-au-feu & plusieurs casseroles ; au second, différentes sortes de rôtis & autres mets ; & au troisieme, tenir sur un bain de sable ou de cendre, différents plats, au degré de chaleur que l'on voudra. Il n'en coûtera pas plus de bois pour toutes ces opérations, que n'en consomment ordinairement les poëles placés dans les antichambres. Pl. CXXI.

La construction de ce fourneau est démontrée ici en briques ; mais on en peut faire en cuivre ou en tôle, & même en fonte. De toute façon ils doivent être montés sur un châssis de fer ; & les plaques où sont les trous pour recevoir les marmites, casseroles, plats ou récipiens aux premier & second étages, seront également d'une forte tôle ou de fonte.

Ce fourneau peut être d'une très-grande utilité en temps de guerre pour les Officiers généraux & autres Seigneurs qui ſont obligés de tenir table, parce qu'on pourroit le ſuſpendre dans une charrette avec les autres uſtenſiles de cuiſine, le conduire par-tout où l'on voudroit, & en faire uſage ſans le déranger de ſa charrette : de cette maniere on feroit la cuiſine en tout lieu, avec très-peu de bois, qu'il eſt plus facile de ſe procurer à la ſuite des armées, que du charbon qui eſt preſque toujours très-rare & très-cher.

DÉMONSTRATION DE LA PLANCHE.

A eſt l'ouverture du foyer, qu'à l'aide d'une porte à couliſſes on laiſſe plus ou moins fermée pour donner plus ou moins d'activité au feu ; B, B, laboratoire des différents étages ; C, C, C, C, C, &c., marmites, caſſeroles, compotiers, récipiens, &c., qui ſont placés comme ils le feroient ſur les fourneaux ordinaires, dont on fait uſage dans les cuiſines ; D eſt une eſpece de récipient dans lequel on met une volaille ou toute autre piece que l'on veut faire rôtir. Il doit être de terre, tôle ou fonte. La piece eſt ſuſpendue par une brochette, de maniere à ne pas toucher le récipient, comme il eſt démontré. Le récipient ſera fermé de ſon couvercle de la même compoſition. Ce dernier pourroit cependant être de verre, parce qu'on verroit, ſans le lever, le degré de la cuiſſon de la piece qu'on feroit rôtir. F eſt le tuyau ou conduit par où paſſe la fumée ; B, *b*, bain de ſable.

Le feu placé ſous le premier étage circule & porte ſa chaleur ſous les deux autres, & cuit facilement tous les mets.

Ce fourneau peut encore être très-utile aux Chymistes & aux Distillateurs.

Nous ne donnerons aucune regle de ses proportions, parce qu'on peut le faire plus ou moins grand, selon le besoin ou le goût.

Depuis la rédaction de cet article, nous avons lu dans le Mercure du Samedi 17 Août de cette année, N° 33, l'annonce d'une Table économique, par M. Nivert, Auteur de différens fourneaux que nous ne connoissions point. Cette table paroît, d'après l'annonce, ressembler à notre fourneau dans une partie de sa destination, & peut-être dans la circulation du feu. Nous laissons aux curieux à faire la comparaison de l'un & de l'autre. Notre planche est gravée depuis plus de huit mois.

AFFUTS

POUR LA DÉFENSE DES PLACES ET DES COTES.

La planche CXXII offre le plan & la perspective du premier affût pour la défense des places & des côtes, que j'ai donné & qu'on a exécuté à Auxonne en 1763, sous les ordres de M. le Marquis de Rostaing, Commandant alors de l'Artillerie. Pl. CXXII, CXXIII, CXXIV & CXXV.

La planche CXXIII démontre la perspective de l'affût, figure 1ere, exécuté à Strasbourg en 1764, où je fus envoyé par ordre de la Cour, pour l'expérience qui devoit en être faite sous les yeux & les ordres de M. de Gribeauval. La fig. 2 de la même planche est un affût d'une autre construction, qui n'a pas encore été exécuté.

M 2

Les planches CXXIV & CXXV repréſentent deux autres affûts non-exécutés juſqu'ici, l'un pour la terre, & l'autre pour les vaiſſeaux.

EXTRAIT du réſultat des épreuves faites à Straſbourg en 1764, article 22.

« On avoit éprouvé l'année derniere à Auxonne un affût » du ſieur Berthelot, pour monter le canon deſtiné à la » défenſe des côtes.

» Comme ce canon placé ſur les bords de la mer n'a pas » d'embrâſure, & ne peut être couvert que par une genouil- » liere, il eſt eſſentiel qu'elle ſoit auſſi haute qu'il eſt poſſi- » ble ; & l'affût exécuté à Auxonne étoit fort bas : il avoit » auſſi le défaut d'être chargé de menues ferrures, qui n'au- » roient pu réſiſter long-temps aux brouillards de la mer qui » rongent le fer en peu de temps. Le ſieur Berthelot a re- » médié à cet inconvénient, en élevant ſon affût de façon » que la genouilliere peut avoir 4 pieds 8 pouces de hau- » teur, & peut bien par conſéquent couvrir les hommes » qui ſervent le canon. Il a auſſi ſupprimé la plus forte » partie des ferrures, de ſorte que cet affût eſt actuelle- » ment réduit au plus ſimple poſſible : on a jugé qu'il avoit » toutes les qualités qu'on pouvoit deſirer pour la défenſe » des côtes, & qu'il étoit préférable de beaucoup à tout autre » pour le ſervice.

» Pour copie conforme au réſultat fourni à la Cour, *ſigné* » GRIBEAUVAL ».

COPIE d'une lettre de M. le Duc de Choiſeul au ſieur Berthelot.

A Marly, le 14 Mai 1765.

« Sur le compte, Monſieur, que j'ai rendu au Roi des » avantages que procurera l'affût nouveau que vous avez pro- » poſé pour la défenſe des côtes, SA MAJESTÉ a bien voulu, » pour vous récompenſer d'une découverte auſſi utile, vous » accorder une penſion annuelle de 600 livres ſur les fonds » de l'Artillerie ; & en outre, une gratification de 1200 liv. » J'autoriſe M. Michel, Tréſorier-Général de l'Artillerie, à » vous payer cette gratification lorſque vous vous préſen- » terez chez lui ; & je joins ici le brevet qui vous a été expé- » dié pour la penſion. Je ſuis, Monſieur, votre très-humble » & très-obéiſſant ſerviteur, *ſigné* le Duc DE CHOISEUL ».

Qu'il me ſoit permis de rapporter ici, pour ma propre ſatisfaction, le réſultat de démarches ſubſéquentes pour faire examiner mes affûts par le Département de la Marine, tant pour le ſervice des vaiſſeaux que pour la défenſe des Iſles.

En 1769, j'eus l'honneur de préſenter à M. le Prince de Liſtenois le modele de mes différens affûts. Ce Prince ne voulant pas s'en rapporter à ſes propres lumieres, invita pluſieurs Marins & le ſieur Gardanne, Maître Canonnier de Port, à en faire l'examen avec lui. Le réſultat fut que ces affûts pouvoient être très-utiles pour le Département de la Marine, & ils m'engagerent à faire un Mémoire, & à le communiquer au Prince, qui eut la bonté de l'apoſtiller de ſa main, ainſi qu'il ſuit (1):

---

(1) Le ſieur Gardanne me donna de plus un certificat par lequel il atteſtoit que,

« Voici, Monſieur, un Mémoire qui nous promet de » grands avantages, dans les Colonies ſur-tout, où il épargne» roit beaucoup de bois qu'il faut toujours employer dans la » conſtruction des batteries, & ce bois n'eſt point ſouvent » aiſé à trouver. Le Mémoire eſt approuvé par M. de Gri» beauval, & je penſe que nous ne pouvons trop nous ſervir » dans nos batteries de ces affûts : vous êtes trop éclairé, » Monſieur, pour ne pas le ſentir comme moi, en peſant » les avantages annoncés ici. S'il vous reſte quelque doute, » il eſt du bien de la choſe d'en faire l'épreuve dans un » Département : c'eſt la ſeule façon de procéder dans ces » cas. Ce n'eſt point le ſieur Berthelot que je vous recom» mande, quoique ce ſoit un Citoyen & un Sujet fidele ; » mais les bonnes idées qu'il donne, toutes utiles au bien du » ſervice. Je ne doute pas que vous n'ayiez égard à d'auſſi » bonnes raiſons, & que vous ne rendiez là-deſſus un compte » favorable à M. le Duc de Praſlin. J'ai l'honneur d'être, avec » les ſentimens diſtingués, Monſieur, votre très-humble & » très-obéiſſant ſerviteur, *ſigné* BEAUFREMONT, Prince » DE LISTENOIS. Ce 12 Août 1769 ».

Je portai ce Mémoire à M. . . . , comme le Prince me l'avoit recommandé. Je lui offris deux modeles de mes affûts pour le ſervice des côtes des Colonies, & les plans & perſpectives de ceux pour le ſervice des vaiſſeaux. Il reçut le

---

par l'uſage de mon affût, on pourroit épargner non-ſeulement la moitié des hommes pour ſervir chaque piece de canon, & que cette moitié feroit encore ce ſervice plus promptement, mais qu'on pourroit de plus ſupprimer au ſervice de chaque piece un palan, une aiguillette & le raban de volée, avec l'avantage de donner plus d'aiſance ſur l'entre-pont.

tout avec l'accueil le plus vif, en m'invitant de l'aller voir ſouvent pour me rappeller à ſa mémoire. Le temps s'écoula en promeſſes & en remiſes à quatre, ſix & huit jours. Je n'eus garde d'y manquer pendant plus de deux ans ; & enfin, il s'impatienta de mon exactitude, qui lui parut ſans doute être un reproche de ſa négligence : de maniere qu'il me renvoya dans les termes les plus durs & les plus indécens, en me diſant, pour dernier mot, que ſi je n'étois pas content je n'avois qu'à porter mes découvertes à l'Etranger.

Tel a été le réſultat de toutes mes dépenſes, démarches & temps perdu, avec mes modeles & plans des différens affûts & canons en bronze que je lui avois confiés.

Cette conduite de la part de M. . . . prouve aſſez qu'il n'a jamais fait part de ce Mémoire au Miniſtre, parce que ce dernier étoit trop juſte & trop éclairé pour n'y avoir point fait quelqu'attention, & fait examiner ſi mes affûts pouvoient être utiles ou non.

Quoique M. . . . ne ſoit plus en place depuis long-temps, j'ai cru cependant que je me devois à moi-même l'honnêteté de ne pas le nommer.

J'ajouterai que, rebuté par ce qui venoit de m'arriver, j'ai renoncé à toutes démarches ultérieures ſur cet objet.

PONT DE BOIS TRANSPORTABLE,

POUR LE PASSAGE DES RIVIERES ET DES CANAUX.

La premiere de ces planches offre la perſpective de ce pont monté ; la ſeconde, deux de ſes arches détachées ; & la troiſieme, différentes pieces de ſa conſtruction. Pl. CXXVI, CXXVII & CXXVIII.

Ce pont peut se monter & démonter facilement ; se transporter de même. Destiné à faciliter le passage des rivieres & des canaux, il peut encore servir pour l'escalade des places ou forts, soit de nuit, soit de jour, au moyen d'une échelle brisée qu'on y adapteroit, pour être portée sur le rempart, ainsi qu'il est démontré planche CXXVI.

Je n'ai pas cru qu'il fût nécessaire d'entrer dans aucun détail de sa construction ; je me suis contenté d'en offrir l'idée, d'en présenter l'esquisse. Si le Gouvernement jugeoit à propos d'en faire usage, les Gens de l'Art qu'il chargeroit de sa direction n'auroient pas besoin qu'on leur indiquât les proportions à donner aux différentes pieces qui doivent le composer. La charpente, les planchers, les roues, seroient soumis au calcul géométral & proportionnel. Les différences des lieux, des terreins dans lesquels on voudroit l'employer, entreroient en considération pour les hauteurs, largeurs, forces, augmentations ou diminutions, changemens de pieces, simplifications, & enfin pour la plus grande perfection de l'ouvrage. Ils chercheroient les moyens de faire servir au transport du pont les roues sur lesquelles il doit être monté. Je me contenterai de donner ici le plan que je m'en suis formé. Je le distribue par arches, en proportions suffisantes pour le passage des Troupes ; les pieces de chaque arche démontée peseroient à-peu-près 2100 ', en ayant soin d'y employer la qualité de bois qu'il convient.

Ce seroit encore à ceux qui seroient chargés de construire ce pont, à chercher les moyens de l'élever ou abaisser plus ou moins, à volonté & selon le besoin, sans trop augmenter le poids de la charpente.

Trois

Trois boulons ſuffiront pour monter la charpente de chaque arche. Il ne faut point de clous ni de chevilles pour aſſujettir le plancher. Les planches ſe gliſſeront dans des couliſſes, dans leſquelles elles ſeront ſuffiſamment arrêtées par le moyen des trois boulons qu'on reſſerrera avec des écrous ou des clavettes.

Comme ce pont eſt porté ſur des roues qui ſont conduites au fond de l'eau, on peut lui donner la force ſuffiſante pour porter les groſſes voitures, en ajoutant ſur chaque arche, en long & en large, des madriers ſuffiſans pour réſiſter à ces fardeaux. Il n'y auroit pas lieu de craindre que ces roues vinſſent à rompre, puiſqu'elles n'éprouveroient aucun cahot; elles ſeroient même en état de porter l'artillerie.

L'utilité de ce pont peut s'étendre juſqu'au commerce, en rétabliſſant les communications rompues par les ponts que les crues d'eau & les glaces emportent fréquemment.

Quoique cette machine ſoit la derniere de mon invention que j'offre à mes Lecteurs, il y a plus de vingt ans que j'en ai conçu l'idée, & il y en a plus de quinze que j'en ai préſenté le plan à l'Académie des Sciences.

J'offre bien volontiers à ceux qui deſireroient de plus grands détails ſur la conſtruction de ce pont, de les leur donner de vive voix.

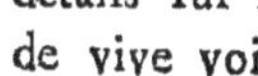

MÉMOIRE

SUR LA CONSTRUCTION DES BAROMETRES.

Pl. CXXIX, CXXX & CXXXI.

Nous allons donner une méthode ſûre & invariable de fabriquer les barometres. Tout le monde connoît l'utilité de ces inſtrumens pour les obſervations météorologiques ; mais peu de perſonnes ſavent la maniere de procéder dans leur conſtruction, pour qu'ils ſoient exacts & fideles. Ils ſervent à démontrer les révolutions de l'atmoſphere, le poids de l'air, la hauteur des montagnes, la pente des rivieres, l'élévation des tours ; à comparer les variations du temps, les différences de climats, de ſaiſons ; enfin, un bon barometre doit faire ſes démonſtrations ſucceſſives avec la derniere exactitude. Les expériences, les calculs qu'on en retire doivent être ſans erreur, ou du moins il ne doit y en avoir que le moins poſſible.

De tous les Artiſtes qui ſe ſont livrés à la facture de ces inſtrumens, aucun ne s'eſt plus particulierement appliqué à les perfectionner, que M. Aſſier-Perica, Ingénieur du Roi pour les inſtrumens de Phyſique en verre ; ſes talens ſont connus, & ſont au-deſſus de nos éloges. Qu'il nous permette ſeulement de conſigner ici notre reconnoiſſance pour les idées qu'il a bien voulu nous communiquer, & dont il nous a permis d'enrichir notre Ouvrage, par zele pour l'intérêt public.

Le ſieur Aſſier-Perica, perſuadé que, pour parvenir à la

confection d'un bon barometre, il étoit nécessaire de soumettre à la filiere de l'expérience les différentes substances qui entrent dans la construction de cet instrument, n'a rien négligé de ce qui pouvoit le conduire au but desiré. Soins, attention, travail opiniâtre & soutenu, essais répétés, dépenses, il n'a rien épargné. Il croit avoir réussi à fixer des regles stables sur un objet aussi important; il offre le résultat de ses recherches au jugement des Savans.

De la dilatation & condensation du verre & du mercure.

ARTICLE Ier.

Le sieur Assier-Perica s'occupoit depuis plusieurs années de la construction de barometres trempés, & des moyens de les rendre portatifs, lorsqu'en 1771 l'Académie des Sciences, à laquelle il fit part de son travail, l'honora de ses suffrages. Mais les observations météorologiques devenant tous les jours de plus en plus intéressantes par les soins qu'y ont apporté toutes les Sociétés Savantes, les expériences sur les barometres étant pour ainsi dire d'un usage quotidien & perpétuel, on s'est bientôt apperçu que ces instrumens n'étoient pas encore portés au degré de perfection dont ils étoient susceptibles. Le sieur Perica lui-même n'étoit pas satisfait des siens : animé du desir de faire mieux encore, il a imaginé les épreuves suivantes. Son but a été de constater, d'une maniere invariable, la dilatation du verre & du mercure, de fixer la connoissance précise du niveau, & d'obtenir une gradation & des résultats exacts.

Plusieurs Savans avoient cherché avant lui à connoître combien une quantité donnée de mercure se dilatoit & se condensoit. Ils trouvoient que de la glace à l'eau bouillante il y avoit $\frac{1}{60}$ d'augmentation à-peu-près. M. Boerrhaave fut le premier qui trouva que la dilatation étoit d'$\frac{1}{52}$: M. Cristin l'a estimée d'$\frac{1}{60}$; Dom Casbois d'$\frac{1}{67}$; M. de Luc d'$\frac{1}{54}$; & M. le Gau a cru remarquer que le mercure se dilatoit de 5 lignes de son volume.

Quoique les observations de ces Messieurs offrent des résultats bien différens, elles peuvent toujours être de quelqu'utilité pour la construction plus exacte des barometres : mais elles ne suffisent pas ; car malgré les corrections que l'on pourroit en obtenir, il seroit toujours impossible d'exécuter, d'après ces apperçus, deux barometres précisément dans la même proportion : c'est ce que la méthode du sieur Assier-Perica procurera très-facilement. Il ne s'agit que de déposer un de ses barometres à l'Académie pour servir en tout temps d'étalon aux personnes qui l'honoreront de leur confiance ; par ce moyen on empêchera les contre-façons, & l'on fera disparoître toute incertitude & toute occasion de doute pour les Physiciens & Amateurs, qui pourront à chaque instant vérifier un instrument dont l'usage, quoique fréquent, n'est cependant pas assez connu.

ARTICLE II.

On peut employer des tubes de 2, 3, 4 & 5 lignes de diametre. Il faut se munir d'une grande machine de tôle d'environ 35 à 36 pouces de long sur 2 ou 3 de large, avec une grande cafetiere de fer blanc de 36 pouces de haut ſur 3 pouces & demi de large.

Le mercure rectifié & le plus pur doit toujours être préféré pour ces ſortes d'expériences. Les Amateurs qui deſireroient ſe procurer du même mercure que le ſieur Aſſier-Perica emploie, peuvent s'adreſſer à M. Baumé, Apothicaire & Membre de l'Académie Royale des Sciences, rue Coquilliere à Paris. Il faut auſſi ſe munir de petites matrices ou bouillottes de verre, dont la forme eſt connue de tous les Phyſiciens.

Iere. *Opération.* On introduit du mercure dans les petites bouillottes, à trois quarts pleines; on met ces petites bouillottes ſur un bain de cendre ou de ſable, ſur du charbon ou de la braiſe qui ne ſoient pas trop ardens: mais le bain de ſable eſt préférable, parce que le degré de chaleur néceſſaire pour purger le mercure de toute humidité ſe ſoutient plus également & plus doucement.

IIe. *Opération.* On ſcelle par un bout les tubes de verre de 30 à 35 pouces de longueur qu'on veut employer, & l'on forme à l'autre bout un petit entonnoir. (*Voyez planche CXXXI*). Il faut avoir tout prêt du charbon ou de la braiſe bien allumée dans un fourneau, ſous une grande cheminée, ou au milieu d'une grande chambre dont on tiendra les croiſées ouvertes, afin de prévenir les effets meurtriers de la vapeur méphitique du charbon ou de la braiſe. On ne peut trop prendre de ſoins à cet égard: combien d'Artiſtes ont été aſphyxiés, faute de précautions néceſſaires! On fait que du vinaigre en évaporation ſur le même fourneau, ou près de l'Opérateur, eſt propre à calmer les douleurs de tête qui ſont toujours la ſuite de ces ſortes d'occupations. On nous pardonnera ſûrement cette petite digreſſion, en faveur de ſon utilité.

Le charbon étant bien allumé, ſoit dans un fourneau ou ailleurs, on le mettra dans la grande machine de tôle dont nous avons parlé, ayant bien ſoin d'étaler le charbon dans toute la largeur de la machine. On prend enſuite le tube diſpoſé pour faire le barometre, & on l'approche peu-à-peu du charbon ardent, à meſure qu'il acquiert de la chaleur; & enfin, on le poſe tout-à-fait ſur le charbon, en conſervant cependant un petit bout pour le tourner dans ſes doigts, de peur que, par le degré de chaleur qu'éprouve le verre, il ne ſe fonde & ne prenne une figure courbe au lieu de reſter droit, qualité très-eſſentielle, & ſans laquelle le barometre ſeroit très-défectueux. Par cette opération, on purge le tube de toute l'humidité qu'il pouvoit contenir. Après cela, on prend une des bouillottes dans laquelle le mercure doit bouillir, & l'on introduit le demi-métal auſſi bouillant dans le tube très-ſec & auſſi chaud que la matiere que l'on y verſe. Crainte d'erreur, on fait encore bouillir le mercure dans le tube, & alors on obtient le vuide d'air, c'eſt-à-dire, la purgation parfaite de l'air. Un barometre n'eſt bon qu'en raiſon de cette purgation de l'air; car ſi on n'obtenoit pas un vuide complet, le mercure ſe tiendroit au ſommet du tube. Cependant le ſieur Perica ayant fait bouillir un tube à quatre repriſes, le mercure qui y étoit contenu ſe tint au ſommet du tube; ayant approché une bougie allumée de l'extrémité du tube, le mercure ne defcendit point : alors il employa un charbon très-ardent, qui fit enfin defcendre la colonne de mercure. Mais ce barometre n'eft pas très-jufte, & il lui refte une afcenfion continuelle d'un quart de ligne de plus qu'aux autres ; ce qui prouve que le tube avoit été un peu trop dilaté par l'action du feu, & que le mercure s'étant introduit dans fes pores, avoit contracté une petite adhérence avec fes parois. Il eft très-effentiel que le mercure bouille toujours trois ou quatre fois dans le même tube, parce que par les premieres ébullitions tout l'air ne s'en échappe pas : mais il ne faut pas forcer l'opération & la pouffer à trop grand feu. Une ébullition portée à un trop haut degré, a fes inconvéniens. C'eft à l'Artifte à favoir fe fixer : l'ufage & l'expérience dans cette manipulation, font les feules regles certaines auxquelles on puiffe renvoyer les Amateurs.

IIIe. *Opération.* On remplira d'eau une cafetiere que l'on expofera fur un grand fourneau. Quand l'eau commencera à acquérir 40 degrés de chaleur, ce que l'on connoîtra par un thermometre que l'on aura eu foin de mettre dans la cafetiere, on plongera dans l'eau le tube chargé de mercure ; & lorfque l'eau bouillira, le mercure montera un peu dans le tube, & deviendra ftationnaire ou fixe : alors on marquera le tube, à l'endroit où le mercure s'arrêtera, avec un fil fin, enduit de gomme-laque diffoute dans de l'eau, afin qu'elle adhere au verre. Il faut faire en forte que cette marque foit au-deffus de la convexité du mercure. Telle eft l'étendue de la dilatation.

IV°. *Opération.* Il faut se précautionner de glace, la piler aussi fine que de la neige. On pose ensuite son tube dans cette glace, de façon qu'il en soit bien exactement entouré dans sa totalité. Quand le mercure est descendu, & qu'il est fixe, on le marque comme ci-dessus ; & voilà le terme de la condensation, tant pour le verre que pour le mercure, à moins qu'il n'y ait eu des variations dans le barometre, ce que l'on aura soin d'examiner, afin d'en tenir compte en opérant.

Il faut attendre que le tube soit refroidi en sortant de l'eau bouillante, avant de le soumettre à l'action de la glace ; car, en le faisant passer trop subitement d'une température chaude à une trop froide, on risqueroit de le faire casser.

C'est ainsi qu'ayant la table exacte de la dilatation & de la condensation des deux substances qui servent à la construction de l'instrument, on sera sûr d'exécuter le barometre de la derniere exactitude.

Pour éviter les oscillations dans la colonne du mercure, il sera bon, au lieu de le tenir à la main, d'avoir une potence à demeure au-dessus de la cafetiere & du bain de glace, pour maintenir l'instrument : on en marquera avec plus de précision les degrés de dilatation & de condensation.

RÉSULTAT d'expériences de dilatation & condensation.

Un tube de 4 lignes de diametre, le mercure étant à 29 pouces 1 ligne, a donné une différence, de l'eau bouillante à la glace, de 5 lignes. Un autre tube de 3 lignes & demie

demie à 29 pouces 1 ligne, a donné celle de 6 lignes: mais en le renversant, le sieur Assier-Perica a eu 7 lignes. Cette différence d'une ligne doit être attribuée au défaut de calibre du tube. Un autre tube étant à 28 pouces & demi, lui a donné 6 lignes de différence de l'eau bouilante à la glace; mais en le renversant, il n'en a donné que cinq. D'après ces expériences, on voit la nécessité de comparer & vérifier l'ascension du mercure dans le barometre par celle du thermometre. C'est pour cette raison que l'on construit presque toujours ces instrumens à côté l'un de l'autre, & avec une table pour les soustractions de l'effet de la température, & la comparaison de l'espace avec sa densité. Cette table varie pour chaque instrument, en raison de la qualité du verre, de son épaisseur, du diametre du tube & de la qualité du mercure.

Le sieur Perica, pour s'assurer d'une maniere plus particuliere du degré des dilatation & condensation d'une quantité donnée de mercure pour la construction d'un barometre, a encore employé le procédé suivant. Il a fait passer un tube à-travers un bouchon de liege fin, pour aboutir dans la cuvette de l'instrument. Après avoir entouré ce tube de filasse, il a adapté à l'embouchure de la cuvette un morceau de peau, au moyen d'une vessie de carpe qu'il a scellée avec de la cire à cacheter, & recouverte d'un second morceau de peau; & il a soumis le tube, ainsi appareillé, à l'action de l'eau bouillante qu'il a supportée. Il a ensuite adapté un second tube de 33 à 34 pouces de longueur, pour recevoir la communication de l'air extérieur, & le porter sur le bain de mercure contenu dans la cuvette, afin de les mettre en équilibre enſemble : cette expérience a eu tout le ſuccès qu'il en attendoit. Elle lui a fait connoître à quel degré de dilatation devoient être portés le verre & le mercure ; & elle a produit une différence de 6 lignes de l'eau bouillante à la glace.

On pourroit objecter que la chaleur de l'eau bouillante change le poids de l'air en le raréfiant. Il eſt certain que ſi l'air ſe trouvoit plus raréfié, le mercure contenu dans le tube deſcendroit. Mais dans l'expérience dont il eſt queſtion, il eſt forcé de remonter par la dilatation que l'eau occaſionne dans les pores du verre & ſur la denſité du mercure.

ARTICLE III.

Le moyen le plus ordinaire d'empêcher l'eau de s'introduire dans le réſervoir d'un barometre, quoique l'action de l'air ait lieu ſur le niveau, c'eſt de ſouder un ſecond tube ſur le premier. Mais comme tout le monde ne ſait pas manier le verre, le ſieur Aſſier-Perica propoſe aux Amateurs une maniere plus commode de procéder & d'obtenir le même effet. Il s'agit d'adapter au-deſſus du réſervoir un tube d'environ 32 à 33 pouces de longueur avec un morceau de peau ficelée & couverte d'une veſſie de carpe enduite d'huile.

Une regle générale dans une quantité donnée de barometres, eſt que celui dont l'aſcenſion eſt la plus haute, eſt le meilleur ; plus on les fait bouillir, & plus ils remontent.

Les Anglois ne ſont pas dans l'habitude de purger parfaitement d'air leurs barometres : auſſi ſont-ils ſujets à erreur ;

ce qui dégoûte beaucoup les Obſervateurs, & leur fait ſouvent tirer des conſéquences fauſſes ſur la cauſe de ces variations, ne pouvant jamais avoir des degrés de comparaiſon pour ces ſortes d'obſervations.

Avec les barometres du ſieur Aſſier-Perica, on évitera toutes ces erreurs par la préciſion qu'il met à les conſtruire.

Pour les diviſions, les Amateurs peuvent être ſûrs de leur exactitude : elles ſont du ſieur Megnié, Ingénieur en inſtrumens de Mathématiques, connu pour avoir perfectionné l'Art de la diviſion, le ſeul à qui le ſieur Perica ait recours pour cette opération. La diviſion de la toiſe de l'Académie, exécutée par ce célebre Artiſte, eſt leur étalon. Les échelles de barometres que ces deux Artiſtes ont conſtruits de concert, furent annoncées dans le Journal de Paris, n° 150, année 1779.

EXPLICATION DES PLANCHES.

La figure 1ere, planche CXXIX, repréſente une plaque de cuivre A, A, B, B, ſur laquelle il y a pluſieurs pouces de diviſion, partagés en lignes, & chaque ligne en quarts de ligne. Derriere cette plaque eſt une crémaillere qui porte un anneau, à-travers lequel paſſe le tube : cet anneau, auquel eſt attachée la petite traverſe E, F, ſert à juger la hauteur du mercure. On le fait deſcendre par le moyen de la vis D, & d'un pignon, juſqu'à ce que le jour qu'on apperçoit alors entre la partie inférieure de l'anneau & la colonne de mercure diſparoiſſe, ou du moins ſe réduiſe à une petite ligne, que l'on puiſſe être aſſuré de la coincidence parfaite de l'anneau & de la ſurface du mercure. Alors on examine par le vernier C, figure 2, ſur les diviſions duquel coincide la ligne de foi, & cette diviſion donne la hauteur du mercure. D eſt une vis de rappel, qui fait deſcendre ou monter le vernier E, F. Il faut remarquer que, ſi la ligne de foi ne coincide pas abſolument ſur un des quarts de ligne de l'échelle fondamentale, on trouvera qu'une des vingt-cinq diviſions du vernier répondra à une de l'échelle; alors on comptera à combien de diſtances eſt cette diviſion de la ligne de foi, & ce nombre d'intervalles donnera autant de centiemes de ligne à ajouter à la hauteur approchée par la ligne de foi.

Au-deſſous des diviſions du barometre eſt placé ſur la même plaque de cuivre un thermometre ſpiral à mercure, diviſé en quatre-vingts parties, depuis la glace juſqu'à l'eau bouillante.

La partie inférieure du barometre (figure 2) préſente une vis d'ivoire à tête quarrée, qui ſert à introduire l'air ſur la ſurface du bain dans lequel plonge le tube, & une petite fenêtre par où l'on voit un flotteur traverſé par un cylindre d'ivoire ſur lequel eſt une ligne circulaire qui donne le terme fixe du niveau, & le moyen de le rappeller parfaitement à volonté: on voit (même figure) la coupe de la cuvette. A, A, eſt une piece en buis dans laquelle le tube eſt cimenté à la gomme-laque: cette piece ſe viſſe dans un cercle en buis B, B; ce cercle eſt cimenté à un flacon de cryſtal C, C; le même flacon eſt cimenté à un autre cercle en buis D, D, qui entre à vis dans une piece E, E, dont la partie inférieure eſt tournée en forme de gouleau renverſé, pour y fixer ſolidement un ſachet ou réſervoir de peau, qui contient ſuffiſamment de mercure pour remplir la totalité du flacon C, C, & rendre le mercure ſans mouvement dans le tube, ce qui s'opere par une vis G taraudée dans la partie inférieure de la piece E, F, ajuſtée à vis ſur E, E. On voit auſſi la coupe du flotteur Z, Z, traverſé par ſon cylindre. X, X, repréſente la vis qui ſert à l'introduction de l'air, & qui empêche auſſi le mercure de ſortir dans les voyages.

Par ces précautions, ce barometre devient un des plus tranſportables qui ait encore paru; il ſe renverſe en tout ſens; il eſt ſans choc à ſa partie ſupérieure, & à l'abri de tout accident. Quand on part pour un voyage, on tourne la vis G avec la clef L; la plaque M, M, remonte & repouſſe vers le haut le ſac qui contient le mercure; il remplit alors toute la capacité du tube & du réſervoir de verre C, C: il ne peut par conſéquent ni ballotter, ni caſſer le tube. Eſt-on arrivé à une ſtation? on fait mouvoir la vis G, de façon que le mercure redeſcend dans la cuvette; le flotteur l'accompagne, & on arrête, lorſqu'il eſt juſte, au point du niveau invariable marqué ſur la tige d'ivoire Y, Y. On ouvre alors la vis X qui fait communiquer l'air de la cuvette avec celui de l'atmoſphere par le canal N: par ce procédé, on eſt ſûr d'avoir toujours le même niveau, ſoit que l'on monte ou que l'on deſcende pour faire des obſervations, ce qui eſt un point eſſentiel.

Cette planche & ſon explication ont été inſérées dans

le Journal de Physique du mois de Novembre 1781. Nous n'y avons rien changé.

Les planches CXXX & CXXXI offrent des modeles de tubes isolés, & des perspectives de barometres à surface plane. Nous croyons inutile d'en donner une explication particuliere. Ceux qui pourroient encore avoir quelque chose à desirer, après ce que nous venons de décrire, pourront s'adresser au sieur Assier-Perica lui-même, rue Geoffroy-l'Asnier, près la rue Saint-Antoine, à Paris.

OBSERVATIONS.

Lorsque le mercure présente en montant dans les tubes une surface concave, & qu'en descendant il offre une figure convexe, le niveau n'en est pas moins égal & sûr, au moyen du flotteur qui occupe la surface du mercure en-dedans de la cuvette ; c'est-là un point essentiel pour les observations météorologiques. Dans l'ancienne méthode des barometres trempés, il y avoit cet inconvénient, que quand la concavité ou la convexité arrivoit, on observoit toujours mal le niveau. L'erreur provenoit de l'adhérence du mercure aux parois du verre.

Si le sieur Perica a cherché à remédier aux inconvéniens des barometres trempés, c'est qu'ils étoient d'un usage général, & que les Physiciens de toutes les parties de la terre les avoient toujours employés jusqu'ici pour leurs observations. Il est vrai que plusieurs ont cherché à en corriger les défauts, à les rendre plus sûrs, & sur-tout portatifs, en apportant dans leur conſtruction les différens changemens que l'induſtrie & l'expérience leur inſpiroient. Les uns ont imaginé la boule recourbée pour contenir le réſervoir du mercure, les autres un piſton garni de chanvre qu'ils y adaptoient.

Ce piſton peut produire un très-grand avantage pendant un certain temps : mais la ſéchereſſe faiſant relâcher le chanvre, le mercure s'échappe le long des parois du chanvre; ce qui occaſionne une réduction du mercure qui ne peut être remplacée que par un égal volume d'air, lequel s'introduiſant dans le tube, rend l'inſtrument très-imparfait. Le piſton a encore un inconvénient qui eſt très à craindre, comme l'ont éprouvé pluſieurs Obſervateurs; c'eſt que ſi le piſton bouche hermétiquement, & qu'il arrive une température plus chaude que lorſque l'on a bouché ſon inſtrument, alors le mercure ſe dilatant, force le tube & le fait caſſer: ſi au contraire le piſton ne bouche pas hermétiquement, le mercure s'échappe dans le mouvement du tranſport, & l'inſtrument devient défectueux par le manque du fluide.

La nouvelle méthode du ſieur Perica que nous venons d'expoſer, obvie à ces inconvéniens, au moyen du ſac de peau contenu dans la cuvette d'en-bas, qui eſt le premier réſervoir du barometre. Si la chaleur fait dilater le mercure, ſoit dans le tube, ſoit dans la cuvette qui forme le ſecond réſervoir, comme la peau eſt très-ſuſceptible d'agrandiſſement ou de rétréciſſement, le ſac ſe prête à la dilatation.

On peut employer indifféremment de la peau de chameau, de daim ou de mouton, apprêtée par quelque procédé que ce ſoit. La meilleure maniere cependant d'empêcher le mercure de paſſer à-travers, c'eſt d'huiler cette peau.

Les Amateurs ou les Artiſtes qui voudront faire eux-mêmes les expériences que nous venons de détailler, auront ſoin d'avoir à côté d'eux, en opérant, un barometre de comparaiſon. Le ſieur Perica a toujours eu cette attention, afin d'obſerver plus exactement la dilatation & la condenſation du mercure & du verre, & de ſe rendre compte de l'action du demi-métal dans l'eſpace, pendant l'opération : c'eſt le vrai moyen de bien obſerver les révolutions du poids de l'air ſur la colonne de mercure contenu dans le barometre, & de calculer les différentes variations qui peuvent arriver, même en opérant.

Il faudra avoir ſoin de faire note de ces variations, d'en faire les calculs fractionnés du froid au chaud, ou *vice versâ*, dans les deux points fixes, par addition & ſouſtraction des différences. Ces opérations arithmétiques ſont indiſpenſables pour s'aſſurer de la véritable dilatation ou condenſation des différens barometres qu'on ſoumet à l'action de l'eau bouillante & de la glace, parce que les tubes ſont plus ou moins poreux, par conſéquent plus ou moins dilatables, & que les Verriers ne répondent pas du degré précis de la cuiſſon du verre. C'eſt de cette différence dans les tubes qu'il réſulte des différences dans la marche des barometres, de même que de la différence qui ſe rencontre dans l'eſpece de mercure qu'on emploie, & dans la maniere de procéder pour la purgation de l'air ; de-là les erreurs en calculs & obſervations.

Avec la nouvelle méthode du ſieur Perica, on n'a pas ces inconvéniens à craindre : on eſt toujours ſûr de trouver la ligne de niveau égale & exacte. Les cuvettes de ſes inſtrumens ſont exactement calculées ſur le diametre des tubes, ſur

ſur le produit de la dilatation & condenſation ; & dans quelques lieux qu'on veuille faire des obſervations, qu'on veuille meſurer la hauteur des montagnes, la pente des rivieres, &c., il n'y aura pas ſeulement un centieme de ligne d'erreur, & il ſera aiſé de ramener le niveau toujours à la même hauteur. C'eſt ce que cet Artiſte oſe aſſurer à ceux qui voudront bien étudier ſa mécanique. Il ſe propoſe de plus de faire graver une table pour l'explication de chaque inſtrument, qu'il remettra à ceux qui en feront l'acquiſition.

On doit avertir que les inſtrumens du ſieur Perica ont été pluſieurs fois contrefaits, & que les Contrefacteurs ont même pouſſé la fraude juſqu'à mettre le nom de cet Artiſte à des barometres de contrebande. L'appât du bon marché ſéduit les acheteurs, & ils ne ſont détrompés de leurs fauſſes ſpéculations, que lorſqu'ils s'apperçoivent que l'inſtrument eſt tout-à-fait mauvais.

MÉMOIRE

SUR la maniere de faire les Hygrometres comparables avec des tuyaux de plumes.

Tout le monde connoît la propriété de l'hygrometre : c'eſt avec cet inſtrument qu'on évalue les divers degrés de ſéchereſſe & d'humidité de l'air, comme par le barometre on calcule ceux de la peſanteur & de la légéreté.

Nous allons donner les procédés du ſieur Aſſier-Perica dans la facture d'un de ces inſtrumens.

Iere *Opération.* Il faut choiſir un tube de verre bien

calibré ; & pour s'affurer de la jufteffe de fon calibre, on y introduira environ un pouce de mercure qu'on balottera doucement pour lui faire parcourir toute l'étendue du tube.

Si le tube fe trouve égal, le mercure occupera par-tout le même efpace, ce qui fera facile à conftater en traçant fur le papier deux lignes noires pour fervir de mefure à l'étendue du mercure, & comparer les différens endroits du tube où on le fera paffer. Si le mercure s'alonge dans le tube, cela prouve qu'il eft plus capillaire à fon orifice ; s'il fe raccourcit, cela dénote qu'il eft plus large à fon entrée que dans le corps.

IIe *Opération.* Prendre le tuyau d'une plume, l'amincir avec un canif au degré de ténuité propre à reffentir l'action de l'humidité & de la féchereffe.

IIIe *Opération.* Prendre du mercure, en remplir le tuyau, & paffer le tube en-dedans du trou du tuyau de la plume, enfuite faire chauffer le tube de verre, & avec de la cire à cacheter, la plus fine poffible, & bien bouillante, fceller le tube de la plume avec le verre.

IVe *Opération.* Avoir un bain d'eau de 15 degrés au thermometre de la divifion de 80; laiffer l'hygrometre dans ce bain tant qu'on apperçoit que le mercure defcend; & dès qu'il eft ftationnaire, marquer l'endroit avec un fil fur le tube: c'eft le premier point de l'humidité extrême.

Ve *Opération.* Il faut avoir de la glace bien pilée, & en fortant l'hygrometre de l'eau, le tranfmettre dans la glace. On obtient le point de zero que l'on marque auffi avec un fil, quand le mercure eft ftationnaire : c'eft ce qu'on appelle le point de glace ; ce point dénote la condenfation du mercure.

VIe *Opération.* Tranfmettre l'hygrometre dans de l'eau chaude à 40 degrés du même thermometre ; & quand le mercure eft ftationné, le marquer avec un fil : c'eft le terme de la dilatation.

VIIe *Opération.* Avoir des cendres ordinaires, les paffer au tamis & les mettre dans un pot de grès très-fec ; en remplir un autre pot, & mettre celui-ci dans le premier; enfuite enfoncer l'hygrometre dans la cendre jufqu'au premier point appellé zero, & l'on aura le terme de la féchereffe extrême que l'on marquera comme les autres points, quand le mercure fera ftationnaire. Il faut avoir foin de mettre du coton fur les cendres, pour empêcher que l'humidité ne s'y introduife ; & de tenir un thermometre fiché dans les mêmes cendres à côté de l'hygrometre, pour affurer l'obfervation.

Telle eft la méthode la plus fûre de faire des hygrometres comparables, & le feul procédé par lequel on puiffe parvenir à les rendre parfaits. Le terme de l'eau eft celui de la plus grande humidité, comme celui des cendres l'eft de la plus grande féchereffe.

Plufieurs Artiftes ont travaillé à perfectionner ces inftrumens : mais ils auroient toujours été très-peu exacts, tant qu'on auroit négligé de bien connoître le degré de dilatation & condenſation dont le mercure & le verre ſont ſuſceptibles

Nous n'entrerons pas dans de plus grands détails ſur l'Art de faire de ces ſortes d'inſtrumens ; nous invitons ceux qui pourroient deſirer une explication plus ample, à s'adreſſer au ſieur Aſſier-Perica, qui ſe fera un vrai plaiſir de communiquer les lumieres que l'expérience & pluſieurs années de travail lui ont acquiſes.

NOUVELLE MACHINE HYDRAULIQUE.

LA découverte de M. Vera, pour faire monter l'eau par la rotation d'une corde verticale sans fin, a fait une telle sensation dans le Public, que nous avons cru ne pas devoir nous dispenser d'en parler dans un Ouvrage où il est question de mécanique. Cette découverte, heureuse en elle-même, flatteuse pour son Auteur, a excité la curiosité des Savans & des Artistes. Plusieurs Physiciens & Amateurs se sont empressés de faire des essais, d'établir de ces nouvelles machines hydrauliques. Quelques-uns ont réussi; d'autres ont échoué, ou du moins n'ont pas obtenu, aussi simplement qu'ils s'y attendoient, les effets promis. Chacun a voulu joindre ses propres idées à celles de l'Inventeur. De-là sont résultés des changemens, des complications dans la construction de la machine; & bientôt il y a eu sur les rangs plusieurs rivaux jaloux de perfectionner à l'envi une découverte si simple, qu'ils étoient intérieurement surpris qu'elle leur fût échappée. Cette émulation parmi les Savans & les Artistes doit toujours tourner toute entiere au profit des Arts & des Sciences. La différence des opinions, la discussion des procédés, amenent nécessairement la clarté dans les principes, la vérité dans les résultats, & la simplicité dans les opérations. Pl. CXXXII.

Toutes les fois qu'il est question d'une découverte nouvelle, la partie du Public, qui ne juge que sur parole, se livre d'abord à l'enthousiame. Si quelque Savant ose porter une main profane ſur l'objet de ſon culte, elle crie à l'anathême. C'eſt une arche ſainte, vers laquelle on ne peut étendre le bras ſans crainte d'être frappé de mort. Mais l'Auteur d'un Ouvrage, quel qu'il ſoit, l'Inventeur d'une machine, bien loin de trouver mauvais qu'on renchériſſe ſur ſes idées, qu'on travaille à augmenter ou ſimplifier ſes découvertes, applaudit au contraire aux efforts & aux recherches auxquelles il a donné lieu ; il ne voit que les progrès plus rapides des Arts & des connoiſſances qui doivent en être la ſuite naturelle. C'eſt ſous ce point de vue que M. Vera jugera du motif qui nous porte à recueillir ici les différentes expériences que ſa découverte a occaſionnées, & les différens changemens que pluſieurs Amateurs ont propoſé de faire à ſa machine. Nous ſommes trop pénétrés d'eſtime & d'admiration pour ſa perſonne & ſon Ouvrage, pour qu'on puiſſe nous inculper d'aucune autre vue que celle du bien public, auquel M. Vera lui-même a fait hommage de ſon zele ; & il eſt trop juſte, pour ne pas croire à la profeſſion publique que nous en faiſons.

Lorſque M. Vera eut annoncé ſa découverte, les enthouſiaſtes crierent au miracle. Toutes les notions reçues en hydraulique alloient être renverſées, tous les préceptes, toutes les machines devenoient nuls & inutiles. Il alloit ſe faire une révolution ſubite dans cette Science. Les oiſifs à demi-talens alloient de cercle en cercle perorer ſur le merveilleux de la corde ſans fin convertie en pompe aſpirante. Les demi-Savans en Agriculture, poſſeſſeurs de biens de campagne, formoient déjà de ſuperbes projets ; les uns, d'établiſſement d'une pompe perpétuelle pour le luxe de leurs réſervoirs ; les autres, pour les deſſéchemens de canaux, de puits, de marais même. Bientôt toutes les maiſons des environs de Paris devoient voir s'élever au milieu d'elles une multitude de ces machines nouvelles. Quel devoit être le moteur de ces pompes ? quelles forces falloit-il employer à leur jeu ? c'étoit à quoi on ne penſoit gueres. Il y a tel & tel propriétaire qui, s'il vouloit être de bonne foi, avoueroit aujourd'hui que réellement il a cru que ces pompes iroient toutes ſeules. Enfin, les Phyſiciens ont mis la main à l'œuvre ; les réſultats ont été plus ou moins ſatisfaiſans. Ils ne ſe ſont pas rebutés ; ils ont fait de nouvelles épreuves. Les uns ſe ſont bornés à la machine de M. Vera, telle qu'il l'avoit annoncée ; d'autres l'ont ſoumiſe au calcul arithmétique & géométral, & y ont fait des changemens ; d'autres encore en ont fabriqué de nouvelles, d'après le principe même de la découverte. Pluſieurs ont communiqué leur travail par la voie des Papiers publics ; le Journal de Paris, entr'autres, a impartialement rapporté tout ce qui a été écrit pour ou contre ſur cette matiere. Mais quel parti prendre entre les différentes opinions de ceux qui ont écrit ? à quel procédé donner la préférence ? Nous nous ſerions reproché de laiſſer nos Lecteurs dans cette incertitude, en nous contentant de tranſcrire ici tout ce qui a paru à ce ſujet, comme nous nous l'étions d'abord propoſé. Jaloux de leur donner une nouvelle preuve de notre zele, & de leur épargner les dépenſes infructueuſes que les eſſais qu'ils voudroient faire de ces différentes machines pourroient leur occaſionner, nous avons cherché les moyens de fixer leurs idées. Ayant appris qu'un Savant diſtingué s'occupoit particulierement depuis quelque temps de la pompe de M. Vera, & de toutes celles qu'on avoit annoncées à l'inſtar de celle-là, nous nous ſommes adreſſés à lui avec confiance. Il a accueilli nos vues avec cette politeſſe qui lui eſt naturelle ; & par une ſuite de cet amour vif pour le bien public, qui caractériſe les vrais Savans, il a bien voulu nous donner une Diſſertation, accompagnée d'une planche, qu'il venoit de faire imprimer, & nous permettre de la joindre à notre Ouvrage : cette planche eſt celle CXXXII qui termine ce Volume. L'explication s'en trouve, comme on le juge bien, dans le cours de la Diſſertation. Nous tranſcrirons cette piece telle qu'elle nous a été remiſe ; nous ne pourrions rien ajouter à ce qu'elle contient de lumineux & de précis, fruit de l'expérience & du calcul. Nous la ferons ſeulement précéder par deux Extraits du Journal de Paris de cette année, comme nous ayant paru les plus détaillés de tous ceux qui ont été inſérés dans cette Feuille ſur le même ſujet.

EXTRAIT du Journal de Paris du Lundi 8 Juillet 1782, N° 189, ſous le titre Hydraulique.

« Le 4 de ce mois il a été fait différentes expériences à » la Manufacture de Sparterie rue Popincourt, Fauxbourg » Saint-Antoine, en préſence de M. le Lieutenant-Général de » Police, de M. l'Ambaſſadeur d'Eſpagne, de M. l'Ambaſſadeur de l'Empire, & d'un grand nombre de ſpectateurs, » ſur trois machines hydrauliques que le ſieur de Berthe a fait » conſtruire.

» Iere *Machine.* Elle eſt adaptée ſur un puits de la profondeur de 39 pieds d'une lanterne à l'autre, montée d'une » treſſe de ſpart de 4 pouces de large.

» La

» La machine a produit en 2 minutes 18 secondes un » demi-muid. Le rouet a été mis en mouvement par deux » hommes de moyenne force : un ſeul homme obtint la » même quantité en 3 minutes.

IIe. *Machine.* Elle eſt adaptée ſur une charpente élevée » de 29 pieds. Le cordage de ſpart eſt de 8 lignes de dia» metre, compoſé de trois nattes. Il ſort d'un baſſin ou petit » canal rempli d'eau, éloigné de la charpente de 100 pieds, » dans lequel il y a une poulie & des moufles, & parcourt » une longueur oblique de 124 pieds ſur une hauteur de » 27. On a vu couler par le tuyau l'eau d'un pouce de » diametre au moins.

» Cette machine eſt applicable aux bâtimens qui ont l'avan» tage d'être au bord d'une riviere ou d'un baſſin.

» IIIe. *Machine.* Elle conſiſte en un tuyau de pompe de » 16 pieds de haut, du diametre intérieur d'un pouce trois » quarts, dans lequel il paſſe une treſſe à peluche de ſpart » de 14 lignes de diametre, compoſée de quatre brins de » cable, & elle eſt bornée par deux lanternes. Celle du bas » eſt adaptée au tuyau même.

» Le rouet a été mis en mouvement par quatre hommes. » Il a fallu 48 ſecondes pour remplir un demi-muid.

» Cette eſpece de pompe peut être employée ſur les vaiſ» ſeaux de Roi, & pour les épuiſemens des baſſins & caiſſes » dans les Arſenaux royaux ».

On invitoit enſuite les Amateurs à aller voir ces pompes. Le ſieur de Berthe offroit de les laiſſer montées pendant huit jours, & d'en faire aux curieux la démonſtration plus en détail.

AUTRE Extrait de la même Feuille périodique du Mardi 13 Août suivant, N° 225, pages 920 & 921, sous le même titre Hydraulique.

M. Verraven, Professeur de Mathématiques à l'Ecole Royale Militaire, Auteur de cet article, s'y exprimoit ainsi : « Les agens qui ont été employés jusqu'à ce jour (pour faire » monter l'eau par le moyen d'une corde sans fin) sont des » cordes de chanvre, d'autres de laine, des chaînes, des sangles, » & enfin des cordes de spart : c'est à ces dernieres qu'on » donne aujourd'hui la préférence ; du moins les expériences » faites jusqu'à-présent ont-elles favorisé le spart.

» Mais une pompe de ce genre ne peut avoir d'utilité bien » réelle que lorsque la machine sera construite simplement, & » qu'il faudra moins de bras pour la mouvoir ; alors on aura » l'avantage de faire monter de l'eau à telle hauteur que l'on » voudra, même en plan incliné, & cela à peu de frais. Voici » la description d'une de ces pompes, que j'ai fait construire » pour un puits de 30 pieds de profondeur. Sa simplicité, & » par conséquent l'économie, feront cause qu'elle conviendra » à plusieurs personnes.

» A 6 pouces du puits est une piece de bois montante, de » 7 pieds de hauteur au-dessus du scellement, & de 6 pouces » sur 4 d'équarrissage : en face est une pareille piece de bois, » mais près de la mardelle ; elles servent à soutenir un cylin- » dre aussi en bois, & de 3 pouces de diametre ; il a pour » longueur la distance d'un montant à l'autre. Les tourillons » en fer tournent sur deux coussinets en cuivre.

» A la solive, qui est éloignée de 6 pouces du puits, est » adaptée une roue, aussi en bois, de 3 pieds de diametre, » dont l'arbre est porté à ses extrémités sur deux coussinets » en cuivre : aussi à une des extrémités de l'arbre est fixée une » manivelle. Sur cette roue & sur le cylindre il y a une corde » pour faire faire la rotation du cylindre.

» La roue ayant 3 pieds de diametre, & le cylindre 3 » pouces, pendant qu'elle fait un tour, le cylindre en fait » douze ; c'est ce qui augmente de beaucoup la vîtesse.

» Il est très-essentiel, pour le succès de la machine, que » le cylindre & la roue soient ajustés de telle maniere, qu'à » la moindre impulsion ils tournent pendant quelque temps » sans être obligé de renouveller la force.

» Pour rendre le mouvement plus uniforme, j'ai ajouté à » la roue trois volans de plomb, faits en forme de lentille, » ce qui augmente la charge sur les appuis & le frottement ; » néanmoins, lorsque la machine est en mouvement, ils ten- » dent à l'entretenir.

» Au fonds du puits est une couronne de tonneau, de 6 » pouces de hauteur, aux parois de laquelle sont fixées quatre » poulies de 18 lignes de diametre, la queue faite en vis & » bien mobiles sur leur axe. Sur les gorges de ces poulies » & sur celles du cylindre, passent deux cordes de spart, de » 8 lignes de diametre. Pour faire enfoncer la couronne, elle » a été lestée avec du vieux fer.

» Le chapiteau est en fer blanc, mais on peut le faire en » bois, & l'eau sort par un tuyau de 2 pouces de diametre.

» Un homme, avec les deux cordes de spart, a fait monter » un muid d'eau, en moins de 7 minutes, sans être fatigué.

» Il eſt facile de voir, d'après cette deſcription, que la » dépenſe de cette machine eſt peu conſidérable, puiſqu'il » ne faut que deux pieces de bois, une roue & un cylindre; » encore y a-t-il des puits dont la conſtruction eſt telle qu'il » ne faudroit qu'une piece de bois, & d'autres où il ne fau- » droit qu'une roue & un cylindre. Ce qui eſt au fond du » puits ne coûte pas 3 livres ».

DISSERTATION (1)

SUR le moyen d'élever l'Eau par la rotation d'une corde verticale ſans fin.

SI l'on trempe dans l'eau un bout de corde, & qu'on le retire promptement, il entraîne avec lui une petite quantité d'eau, que l'on voit retomber goutte à goutte. Cette eau eſt adhérente à la corde, & malgré la peſanteur qui la ſollicite à deſcendre, elle monte avec la corde, par la grande vîteſſe qui lui a été communiquée, jointe à la viſcoſité de ſes parties, & ſur-tout à l'adhéſion mutuelle entre l'eau & la corde.

Ce fait connu de tout le monde, cette expérience répétée des millions de fois, on ne l'avoit pas encore examinée avec attention; & c'eſt ainſi que l'on néglige beaucoup d'autres effets qui ſont ſans ceſſe ſous nos yeux, & qui, s'ils étoient étudiés & médités, nous conduiroient, peut-être, à de grandes découvertes auxquelles nous touchons ſans le ſavoir.

Perſonne n'avoit ſoupçonné juſqu'ici que la ſimple rotation d'une

(1) Cette Diſſertation ſe trouve imprimée chez l'Auteur, rue de Bourbon, Fauxbourg Saint-Germain, N° 36.

corde verticale ſans fin pût entraîner de l'eau à une grande élévation, & en fournir une quantité vraiment ſurprenante. M. *Vera* y eſt parvenu par un mécaniſme médiocrement compliqué. Toute corde eſt bonne pour cette ſinguliere expérience, une chaîne même ; peut-être doit-on préférer les cordes treſſées & celles qui ont beaucoup de ſinuoſités & de creux, leſquels ſont comme autant de petits pots ou augets.

Cette découverte a fait beaucoup de bruit & de ſenſation dans le Public : mais après avoir rendu à l'Auteur toute la juſtice qui lui eſt due, il eſt à propos de l'examiner, de l'approfondir, & de comparer le volume d'eau que l'on obtient par la rotation d'une corde verticale ſans fin, avec celui que l'on auroit par les moyens déjà connus & uſités. Cette importante comparaiſon, je l'ai faite il y a plus de trois mois par voie d'expérience, & je l'avois établie par les ſeuls principes de la Mécanique dès le mois de Décembre 1781. J'ai communiqué de vive voix mes réſultats, les 2, 5, 6 & 7 Avril 1782, à un Public très-nombreux ; & je m'engageai dès-lors à mettre au jour la petite Diſſertation que je publie : mais j'ai cru devoir différer quelque temps, afin d'y réunir d'autres épreuves faites de diverſes manieres, & de mettre ainſi plus d'exactitude dans les réſultats que j'ai trouvés, & dans les regles que j'en ai déduites.

A Paris, ce 23 Juin 1782. Signé DE PARCIEUX.

DESCRIPTION d'un Appareil propre à répéter les expériences de M. Vera.

(*Fig. 1.*) Sur les petits côtés d'une baſe rectangulaire AB, qui a 18 pouces de long & 10 de large, j'ai fait ajuſter deux montans verticaux AC, BD, que l'on voit repréſentés ſéparément dans les *fig. 3 & 2*. Ils ont chacun 50 pouces de haut, 6 de large & 9 lignes d'épaiſſeur. Leurs extrémités ſupérieures C & D ſont jointes par une traverſe à demeure CD.

Entre ces deux montans AC, BD, il y a trois tablettes EF, FG,

GH, qui forment une efpece de Z, dont la branche EF eft à 44 pouces au-deffus de la bafe AB, tandis que GH n'eft que de 28 pouces plus élevée que cette même bafe: par ce moyen, FG fe trouve avoir 16 pouces de hauteur. Chacune des tablettes EF, FG, GH, a la même largeur que les montans AC, BD, c'eft-à-dire, 6 pouces. EF en a 8 de long, ce qui détermine la longueur de GH, ou la diftance de FG au montant BD.

Sur la tablette EF repofe un vafe de fer-blanc *mnpq*, deftiné à recevoir l'eau qui eft élevée. Il a 6 pouces de profondeur, 6 $\frac{1}{2}$ de large & 5 de haut. Sa face antérieure *mnpq*, de même que fon oppofée, recouvre d'environ 6 lignes l'épaiffeur de la tablette EF, de forte qu'on ne peut ôter le vafe de deffus cette tablette, qu'en le faifant gliffer fuivant la longueur EF; & pour qu'on puiffe voir à fon aife ce qui fe paffe dans l'intérieur du vafe, ces deux mêmes faces, dont nous venons de parler, font garnies chacune d'une lame de verre de 3 pouces $\frac{1}{2}$ de haut fur 4 $\frac{1}{2}$ de large, fcellée dans fes rainures avec du maftic de Vitrier. La face latérale *np*, qui eft à droite, eft brifée dans fon milieu fuivant fa hauteur, & l'on peut l'ouvrir ou la fermer à volonté, par une petite porte à couliffes *npik* (*fig.* 4), dont on voit la poignée en *x*. Le côté *ki* de cette porte eft échancré dans fon milieu en demi-cercle de 3 lignes de diametre; & vis-à-vis de cette échancrure, il y en a une pareille fur le côté de la piece de fer-blanc, où vient s'appliquer *ki*. De cette maniere, lorfque la porte eft en place, il fe forme un petit trou *r* par où paffe l'arbre de fer *zy*, qui tourne librement entre les deux pointes *z* & *y*. L'une *z* eft fixe, invifible, noyée dans l'épaiffeur du montant AC, & faillante en-dedans du vafe *mnpq* d'environ 1 ligne. L'autre pointe *y* eft garnie d'une tige qui a un pas de vis très-ferré: fon écrou eft logé dans le montant BD, & par ce moyen on peut approcher ou éloigner la pointe *y* du bout adjacent de l'arbre *zy*.

On voit que ce même arbre fait corps avec trois poulies, favoir, deux petites fituées vers fon extrémité L; la troifieme beaucoup plus grande, eft dans le vafe *mnpq*. Celle-ci eft de bois: elle a 9 pouces de tour, & elle eft peinte à l'huile. Les deux autres font du cuivre; l'une a 8 lignes de diametre, & la feconde 9.

Immédiatement au-dessous de ces deux petites poulies, & au-dessus de la tablette GH, est placée une grande roue ST de bois verni, dont la gorge a 92 lignes de diametre. Son arbre RQ traverse les deux montans GF, HD, & porte en-dehors une manivelle M de 4 pouces de coude : mais ses tourillons ne tournent pas dans les épaisseurs du bois. Chacun d'eux est porté par un levier de cuivre, tel que *eh* (*fig.* 2), mobile autour de son extrémité *e*, & fixé par l'extrémité *h* à l'aide d'une cheville de fer logée dans son épaisseur, & en même temps dans un petit trou de l'arc *sa* qui a son centre en *e*. Il est donc facile de hausser ou de baisser la grande roue ST ; & dans ce mouvement, chacun des tourillons décrit une portion d'arc *ab*, concentrique à *sd*. On change cette roue de place pour tendre plus ou moins une corde sans fin qui embrasse presque toute sa gorge, & qui, après s'être croisée, va passer sur une des petites poulies situées en L.

Revenons à la base AB ; elle est garnie d'un bassin de fer-blanc IKUO, qui a 16 pouces de long, 6 de large, 8 de haut, & contient par conséquent 16 pintes. On voit dans le fond de ce bassin deux petits montans de fer, entre lesquels tourne une poulie égale en tout à celle qui est dans le vase *mnpq*, & située de la même maniere, dans la même ligne d'à-plomb. C'est sur ces deux poulies que passe la corde ou la chaîne sans fin qui doit élever l'eau, & dont les deux branches sont paralleles. Pour cet effet, le morceau de bois EF, ainsi que le fond du vase *mnpq*, est percé d'outre en outre de deux trous (*fig.* 3), dont les centres sont éloignés l'un de l'autre de 3 pouces, diametre des poulies. Ces deux trous sont inégaux : celui qui est en-devant n'a que 3 ou 4 lignes, l'autre en a 8 ou 9 ; & dans l'intérieur du vase *mnpq*, ils sont garnis de tuyaux cylindriques de 15 à 16 lignes en hauteur. Mais parce que l'eau qui monte dans ce vase le rempliroit bientôt & nuiroit à l'expérience, j'ai fait pratiquer dans l'angle *q* un tuyau de décharge *qtv* qui ramene l'eau dans le bassin IKUO. Ce tuyau est fait (*fig.* 3) de deux bouts *qt* & *tv* emboîtés l'un dans l'autre.

Explication de la Découverte de M. Vera.

Suppoſons le baſſin IKUO rempli d'eau, & qu'une perſonne ayant appliqué la main à la manivelle M faſſe tourner la grande roue S T d'avant en arriere. Si la corde de cette roue paſſe ſur celle des poulies L, qui a 9 lignes de diametre, il eſt évident que la manivelle ou la grande roue faiſant un tour, l'arbre *zy*, & par conſéquent la poulie du vaſe *mnpq* en fera dix & un peu plus; mais cette poulie a 9 pouces de circonférence : donc la corde ſans fin qui paſſe ſur cette poulie & ſur celle qui eſt baignée dans l'eau, fera en un tour de manivelle 90 pouces de chemin; & comme il n'y a que 45 à 46 pouces du centre d'une poulie au centre de l'autre, la corde montera deux fois. La portion de corde aſcendante qui eſt plongée dans l'eau, imprime donc, après avoir quitté la poulie inférieure, ſa vîteſſe de bas en haut à l'eau qu'elle traverſe, & qui d'ailleurs a une adhérence naturelle à la corde : en même temps la poulie inférieure agite en tourbillon, juſqu'à une certaine diſtance, l'eau environnante; & à l'endroit où la corde ſort de l'eau, il ſe forme un gros bouillon qui a la figure d'un fuſeau très-irrégulier, dont la baſe eſt à la ſurface de l'eau, & dont la pointe eſt à une élévation plus ou moins grande, ſuivant les inégalités de la corde, & ſes différens degrés de vîteſſe. Au-deſſus de cette pointe, l'eau forme une eſpece d'enveloppe cylindrique à la corde, & monte toujours avec elle; de ſorte que ſi avec une lame de couteau on briſe la colonne d'eau aſcendante, toutes les gouttes ne retombent pas, quelques-unes montent encore dans l'air, & vont ſe rejoindre à l'eau qui entoure la corde : enfin, l'eau arrive à la poulie ſupérieure; & dès que la corde ſe courbe ſur cette poulie, l'eau échappe, non pas en ligne verticale, mais par une infinité de tangentes. Il faut donc la retenir dans une eſpece de chapeau *mnpq*, préparé à-peu-près comme nous l'avons dit, & de-là il eſt facile de la faire couler en tel endroit que l'on veut.

Cette

Cette propriété d'élever ainſi l'eau n'eſt pas particuliere à la corde : tout corps continu qu'on pourra faire tourner de la même maniere, produira le même effet ; la différence ne ſera que du plus au moins. Une corde de boyaux, liſſe & polie, ne ſeroit pas auſſi avantageuſe qu'une de chanvre, ni même qu'une chaîne de fer. M. *Vera* s'eſt ſervi d'une corde de ſparterie, parce qu'elle a l'avantage de ſe conſerver long-temps dans l'eau. Quoi qu'il en ſoit, cette corde qui ſert à élever l'eau, doit être regardée comme un chapelet infinitaire.

Jugement qu'on a porté de cette Découverte.

Telle eſt l'expérience de M. *Vera* ; expérience très-intéreſſante & très-curieuſe : il eſt vraiſemblable que l'Auteur en a conçu l'idée, en obſervant ce qui ſe paſſe lorſqu'on tire de l'eau d'un puits ; la corde ſe mouille, & entraîne avec elle de l'eau qui retombe peu-à-peu. Les Marins font la même obſervation toutes les fois qu'ils retirent le *lok* : mais on n'auroit jamais cru, ſans la découverte de M. *Vera*, que la ſimple rotation d'une corde verticale ſans fin pût fournir à de grandes hauteurs un volume d'eau conſidérable, & les perſonnes les plus inſtruites l'ont vu avec autant d'étonnement que de plaiſir.

Le Public, avide du merveilleux, a bientôt paſſé à l'enthouſiaſme, & l'on a fini par dire qu'il falloit renoncer aux pompes & briſer les ſeaux. C'eſt aller un peu vîte : il faut agir avec connoiſſance de cauſe ; & ce qu'il y a de fâcheux, c'eſt que perſonne ne s'eſt appliqué à déterminer la quantité d'eau, qu'une force donnée peut élever ainſi en un temps donné, à une hauteur donnée. On s'eſt amuſé à faire monter de l'eau pendant quelques minutes ; & quoique les hommes, au bout de ce temps-là, fuſſent bien fatigués, on n'a pas ſeulement ſongé à comparer la quantité d'eau qu'ils avoient fournie à celle qu'on auroit eue avec des ſeaux & une poulie fixe. Il y a plus, c'est qu'on a cherché tout d'un coup à simplifier ou à compliquer le mécanisme proposé par M. *Vera* : les uns ont mis des chaînes, d'autres ont multiplié les cordes ; quelques-uns en ont essayé de différentes matieres végétales ou animales. Mais avant de s'occuper de la meilleure combinaison possible, il faut savoir s'il y en a une de bonne : j'ai donc cru travailler utilement en m'adonnant à cette recherche ; & pour y réussir, il falloit ramener l'expérience de M. *Vera* aux regles ordinaires de la Mécanique.

Additions faites au Mécanisme proposé par M. Vera.

Aucune force n'est connue, si elle n'est représentée par un poids. D'après ce principe très-simple, il m'est venu dans l'esprit d'employer pour moteur, non pas la force d'un homme, mais celle d'un poids qui, en tombant, feroit tourner avec rapidité cette corde verticale sans fin destinée à élever l'eau ; & pour la faire ainsi mouvoir, je n'ai fait autre chose qu'adapter à l'arbre de la grande roue ST un treuil de 2 pouces de diametre ; lequel (*fig. 5*), par le moyen d'un verrou couché sur le plan de la roue ST, retenu par une bride *fg*, & logé dans la tête du treuil, ne peut tourner qu'avec la roue. Mais lorsqu'on retire un peu le verrou, le treuil cesse de faire corps avec la roue, & tourne tout seul. Ayant donc attaché à la surface du treuil l'extrémité d'une corde de boyaux qui passe sur une poulie fixe fort élevée, & porte à son autre extrémité un poids P, le verrou étant ôté de dedans le treuil, on fait avec la manivelle M tourner ce treuil d'arriere en avant. Par cette opération, la corde à boyaux s'enveloppe sur le treuil, & le poids P monte : lorsqu'il est en haut, on remet le verrou dans la tête du treuil, & l'on ôte la manivelle. Le poids abandonné à lui-même, tombe & fait tourner d'avant en arriere le treuil, la roue ST, l'arbre *zy*, la corde verticale sans fin, &

l'eau arrive dans le vase *mnpq* ; mais au lieu de la laisser retomber dans le bassin IKUO, nous la recevions au dégorgeoir dans un vase, & nous la pesions ensuite.

Voilà donc un moyen de connoître exactement la quantité d'eau élevée & la force qu'on a employée. Quant à ce qui est de la hauteur, il est facile de la mesurer ; & le temps, nous le comptions avec une pendule à secondes : bien entendu que j'ai diminué les frottemens le plus qu'il m'a été possible, & que j'ai donné aux cordes la tension nécessaire pour que le poids tombant produisît son *maximum*.

Mais avant de mettre sous les yeux du Lecteur les expériences que nous avons faites, il faut dissiper une grande erreur qu'elles ont occasionnée, & ce n'est assurément point par ma faute. Ces expériences furent annoncées dans les Journaux pour le 2 Avril 1782 ; & après avoir dit que la *corde étoit mue par la chûte verticale d'un poids*, on avoit ajouté : *De sorte qu'en un temps connu on éleve une certaine quantité d'eau à une certaine hauteur, avec une force donnée, au lieu de la force incertaine & variable d'un homme.* Soit qu'on n'ait pas lu cette phrase, soit qu'elle n'ait pas été entendue, il est venu à beaucoup de personnes une idée bien étrange. Elles se sont imaginé que *je proposois de faire mouvoir la corde dans l'usage ordinaire par la chûte verticale d'un poids.* Cette idée creuse s'est accréditée non-seulement dans Paris, mais à 300 lieues de Paris : *Vires acquirit eundo.* Une petite réflexion auroit dû en désabuser. Sans doute qu'avec des roues dentées, des pignons ou des lanternes, on trouveroit un moyen de faire tourner cette corde pendant 5 à 6 heures, par un poids qui tomberoit & qu'on pourroit remonter en 5 ou 6 minutes ; mais la force qu'il faudroit pour remonter le poids en 5 ou 6 minutes, donneroit dans ce même temps plus d'eau que le poids tombant n'en feroit monter en 5 ou 6 heures : ainsi, au lieu de monter le poids, il vaut bien mieux monter de l'eau.

AVERTISSEMENT.

Pour l'intelligence de ce qui va ſuivre, il ne faut pas oublier que le treuil a 2 pouces de diametre; la grande roue, 92 lignes; celle des petites poulies L dont on fera uſage, 9 lignes; & la poulie du vaſe *mnpq*, 3 pouces. Le poids P eſt de 18 livres, y compris un ſeau de fer-blanc dont il eſt garni en-deſſus, & dans lequel on peut mettre d'autres poids. Il a toujours tombé de la hauteur de 114 pouces; donc le treuil, ainſi que la grande roue, ont fait 19 tours. La poulie du vaſe *mnpq* en a fait 192 à 193, & la partie aſcendante de la corde a monté 38 fois. Enfin, un effort de 15 livres $\frac{1}{3}$ appliqué à la ſurface du treuil ne peut faire équilibre qu'à une livre ſuſpendue à la circonférence de la poulie ſupérieure, je veux dire, de celle qui eſt dans le vaſe *mnpq*.

Expériences faites le 10 Mars 1782.

Nous avons appliqué au treuil un poids de 21 livres, & aux deux poulies une corde treſſée de 6 lignes de tour, faite avec de petits cordons de ſoie. Le poids de 21 livres a mis 15 ſecondes à tomber, & nous avons eu 32 onces d'eau à 45 pouces de hauteur; ainſi, la corde avoit une vîteſſe de 5 pieds par demi-ſeconde, & montoit en moins de temps qu'un corps n'en met à tomber de la hauteur de 45 pouces, car il tombe en une demi-ſeconde ou à-peu-près. La partie aſcendante de la corde portoit continuellement $\frac{4}{5}$ d'once d'eau.

En faiſant ces expériences, nous avons obſervé qu'il y a toujours une petite perte d'eau par les trous où paſſe la corde en montant & en deſcendant; & d'ailleurs la corde éclabouſſe un peu. Pour mettre dans nos réſultats toute la préciſion poſſible, nous avons recueilli cette perte, & l'ayant pesée, nous l'avons trouvée de 6 gros, de sorte que dans toutes les autres épreuves nous avons ajouté une once entiere au produit que nous avons eu. Ici nous dirons donc 33 onces au lieu de 32.

Considérant ensuite que le poids de 21 livres n'agissoit que comme 1 livre 5 onces 7 gros $\frac{1}{3}$, nous avons appliqué cette force à l'extrémité d'une petite corde qui passoit sur une poulie fixe d'environ 2 pouces de diametre, & à l'autre extrémité pendoit un seau de fer-blanc mis en équilibre avec lui-même. Dans ce seau, nous avons versé 16 onces d'eau, & le poids d'1 livre 5 onces 7 gros l'a enlevé à 92 pouces de hauteur en 7 secondes de temps, ce qui a été vérifié plusieurs fois.

Donc la même force enleve, par le moyen de la corde, 33 onces d'eau à 45 pouces en 15 secondes, & par le moyen du seau, 16 onces d'eau à 92 pouces en 7 secondes; lesquels produits sont entr'eux, *cœteris paribus*, comme les nombres 33 & 70, c'est-à-dire, que la corde fournissant 33, le seau a donné 70.

Expériences faites le 17 Mars 1782.

Nous avons appliqué au treuil un poids de 18 livres, & aux deux poulies une chaîne de cuivre qui a 42 anneaux ou boucles dans une longueur de 6 pouces; chacun de ces anneaux ouverts à son milieu d'environ 3 lignes, le fil de laiton ayant à-peu-près une demi-ligne d'épaisseur. Le poids a mis 13 secondes à tomber, & nous avons eu 43 onces $\frac{1}{4}$ d'eau à la hauteur de 42 pouces: c'est beaucoup plus que dans les expériences précédentes; mais il faut observer que la hauteur a été moindre de 3 pouces, & que la surface de la chaîne ascendante étoit plus grande que celle de notre corde. La chaîne a monté avec une vîtesse d'à-peu-près 5 pieds 1 pouce $\frac{1}{2}$ par demi-seconde, & sa partie ascendante étoit continuellement chargée d'une once $\frac{3}{20}$ d'eau, même un peu plus.

Nous avons mis ensuite à l'extrémité de la même corde qui portoit les 18 livres, un petit seau de fer-blanc ; & à l'autre extrémité, le contre-poids de ce seau, & de plus 1 livre 2 onces 6 gros $\frac{1}{4}$, qui est la force relative des 18 livres. Trois personnes, tenant chacune une montre à secondes à la main, & une quatrieme comptant avec la pendule à secondes, nous avons trouvé, trois fois de suite, que le poids d'1 livre 2 onces 6 gros $\frac{1}{4}$ enlevoit 16 onces d'eau en 5 secondes à la hauteur de 114 pouces. Il suit de-là que la chaîne ayant fourni 43 $\frac{1}{4}$, le seau a donné 90, *cæteris paribus.*

Ce même jour, nous avons fait une autre expérience qui prouve bien que la hauteur doit se compter du niveau de l'eau, & non pas du centre d'une poulie au centre de l'autre : car ayant baissé le niveau de 4 pouces, nous n'avons eu en 12 secondes que 27 onces 5 gros, au lieu de 34 onces $\frac{1}{4}$ en 13 secondes : ce qui vient de ce que la chaîne étoit beaucoup moins baignée, de ce qu'il y avoit 46 pouces de hauteur, au lieu de 42, & de ce que l'eau montant en moindre quantité sur la chaîne, pesoit moins sur cette chaîne, de sorte que le poids a mis une seconde de moins à tomber.

Je crois qu'il est inutile de rapporter toutes les autres épreuves que j'ai faites sur cette matiere, ayant eu constamment les mêmes résultats ou à-peu-près ; mais il ne sera pas inutile d'ajouter, qu'ayant mis un poids de 24 livres au lieu de 18, nous avons eu en 7 secondes, à-peu-près, 27 onces d'eau à la hauteur de 42 pouces, au lieu de 43 onces que nous avions eues à cette même hauteur en 13 secondes, par l'action du poids de 18 livres. Ainsi, le poids de 24 livres auroit donné en 13 secondes, à-peu-près, 58 onces d'eau, ce qui prouve qu'*une corde fournit d'autant plus d'eau, qu'elle monte plus vîte.*

Réflexions sur les Expériences précédentes.

Je ne dissimulerai pas que les expériences que nous venons de rapporter sont faites trop en petit ; mais elles n'en sont que plus favorables à M. *Vera* ; car si on les faisoit avec un semblable appareil à de plus grandes hauteurs, les frottemens seroient plus considérables, & les cordes plus grosses, plus tendues, plus difficiles à plier sur leurs poulies.

Nous remarquerons encore que le poids tombe avec accélération, & ne représente pas exactement la force d'un homme ; mais cette accélération est très-petite, puisque dans 5 secondes il n'a parcouru que 114 pouces, & qu'il y a mis quelquefois jusqu'à 15 secondes. D'ailleurs, c'est le même poids qui tombe de la même maniere dans tous les cas, & l'accélération de sa chûte ne peut pas influer sur les rapports que nous voulons établir.

Ces rapports sont 33 à 70 d'une part, & 43 $\frac{1}{4}$ à 90 de l'autre. Je m'arrête à celui-ci, parce qu'il donne une moindre perte de force, la fraction $\frac{173}{360}$ étant plus grande que $\frac{33}{70}$. Le sens de cette proposition est que, si l'on emploie une force capable d'élever une quantité d'eau exprimée par 90 ou par 10,000, n'importe le temps & la hauteur, cette même force appliquée à la corde verticale sans fin ne produira, *cæteris paribus*, que 43 $\frac{1}{4}$ ou 4806, ce qui donne le rapport de 25 à 12. Il suit de-là qu'en faisant usage de la corde, il y a un peu plus de la moitié de la force employée en pure perte : cette force sera un homme, un cheval, le vent, une chûte d'eau, tout ce que l'on voudra ; & cette perte ne surprendra pas beaucoup, si l'on veut examiner avec attention toutes les parties du mécanisme de la corde, mécanisme qui n'est pas aussi simple qu'on a bien voulu le dire.

Enfin, pour achever de convaincre les personnes qui pourroient avoir encore quelques doutes sur cette matiere, qu'il nous soit permis d'examiner & de soumettre au calcul toutes les grandes épreuves que l'on a faites avec des cordes verticales sans fin.

Comparaiſon du produit de la corde avec celui des ſeaux.

Comme je ne fais pas ici un Traité de Mécanique, je n'entrerai dans aucun détail ſur la force des hommes ; mais il faut ſavoir qu'un homme ſeul, élevant de l'eau avec des ſeaux & une poulie fixe *bien ſuſpendue*, travaillant une heure de ſuite, trois ou quatre heures dans la matinée, & autant dans l'après-midi, donne 880 pintes d'eau par heure à la hauteur de 100 pieds : & ſi l'on veut une expérience déciſive, facile à vérifier, on peut voir travailler les vingt-quatre hommes du puits de Bicêtre, qui donnent 12,000 pintes par heure, à la hauteur de 176 pieds, avec deux ſeaux ſuſpendus aux bouts d'un cable de 8 pouces de tour, & dont 43 toiſes peſent 650 livres.

Expérience faite rue Plâtriere.

Le Public a vu pendant pluſieurs mois, *rue Plâtriere*, la corde que M. *Vera* y a établie, & qui a ſervi de modele à toutes les autres : elle eſt de ſparterie ; elle a 21 lignes de tour, & fournit de l'eau à 63 pieds d'élévation.

Rayon de la manivelle.	14 pouces	$\frac{1}{2}$.
Rayon de la grande roue.	24	$\frac{1}{2}$.
Rayon de la poulie de renvoi.	2	
Rayon de la poulie ſupérieure.	6	

Il eſt viſible par cette ſuite de leviers que 147 livres d'effort ſur la manivelle ne font équilibre qu'à 29 livres appliquées à la circonférence de la poulie ſupérieure : auſſi deux hommes n'ont-ils pu donner en 8 minutes que 250 pintes. Suppoſons qu'ils aient fait un tour de manivelle en deux ſecondes, ou 30 tours par minute, ou 240 en 8 minutes ; la poulie ſupérieure en a dû faire douze fois autant, c'eſt-à-dire 2880 : mais cette poulie ayant 1 pied de diametre, ſa circonférence a 3 pieds 5 pouces : donc la corde a a dû parcourir 9140 pieds, ce qui prouve qu'elle montoit avec une vîtesse de 19 pieds par seconde, & qu'elle a monté 145 fois. Il faut donc se représenter les 250 pintes d'eau partagées en 145 portions égales, ce qui fait 1 pinte $\frac{21}{29}$, ou 55 onces d'eau répandues sur toute la longueur de la corde. Donc les deux hommes ont remué pendant 8 minutes une masse d'eau de 55 onces, avec une vîtesse de 19 pieds par seconde. Le reste de leur force étoit employé à vaincre les roideurs des cordes, les frottemens, l'inertie de toutes les pieces, & à élever jusqu'à différentes hauteurs de l'eau qui retomboit; mais si ces mêmes deux hommes eussent élevé de l'eau avec des seaux & un treuil ou des poulies fixes, ils auroient donné 373 pintes $\frac{1}{2}$ en 8 minutes, à la hauteur de 63 pieds: donc les seaux produisant 10,000, la corde n'a fourni que 6782, *cœteris paribus*.

Expérience faite à Courbe-Voie.

M. *Vera* a établi à *Courbe-Voie*, dans le puits de la caserne des Suisses, une corde de sparterie qui a 40 lignes de tour. Après avoir passé sur une roue de 6 pieds de diametre, ou d'environ 19 pieds de circonférence, placée au-dessus du puits, elle va embrasser un petit rouleau plongé dans l'eau & mobile sur ses tourillons. Le tout est disposé de maniere qu'une des branches de la corde sans fin est verticale, l'autre étant fort inclinée; mais celle-ci est la branche descendante.

L'arbre de la grande roue est de fer, & chacune de ses extrémités, armée d'une manivelle de 16 pouces de coude, tourne sur un rouleau de cuivre de 4 pouces $\frac{1}{2}$ de diametre : il faut 4 tours de roue pour que l'eau arrive, ce qui fait voir que le puits a 76 pieds de profondeur, disons 80.

Quatre hommes sont appliqués en même temps à la grande roue, deux à chaque manivelle. J'ai compté 168 tours en 5 minutes : mais ils commençoient à être fatigués, & tous nous ont dit qu'ils ne pouvoient travailler que 10 minutes au plus. On peut donc regarder comme certain que les quatre hommes travaillant ainsi, font 30 tours par minute, ou un tour en 2 secondes. Au bout de 10 minutes, quatre autres Soldats prennent les manivelles : 10 minutes après, ils sont remplacés par les quatre qui leur avoient cédé leurs places, & ainsi de suite ; 10 minutes de travail, 10 minutes de repos, pendant 2 heures $\frac{1}{4}$, qui est le temps nécessaire pour remplir le réservoir, lequel contient 8064 pintes. A la rigueur, nous devrions dire que ce travail exige huit hommes : mais pour mettre tout à l'avantage de la corde, nous n'en supposerons que quatre ; ils fournissent en 10 minutes 489 pintes au plus, à 80 pieds d'élévation. Or, ils devroient donner 733 pintes ; donc le produit de la corde n'est que les $\frac{2}{3}$ du produit des seaux. Celui-ci étant 12, l'autre n'est que 8, ou bien les seaux fournissant 10,000, la corde ne fournit que 6664.

Si l'on veut se donner la peine d'en faire le calcul, on trouvera qu'un homme au puits de *Courbe-Voie*, ne donne pendant 10 minutes qu'une vîtesse de 9 pieds 5 pouces par seconde à une masse d'eau de 3 livres $\frac{1}{4}$, ce qui est bien peu.

Expérience faite à la Petite-Pologne.

Il y a environ six semaines qu'on a fait usage à la Voierie de la *Petite-Pologne*, pour les épuisemens, de 16 chaînes de fer, semblables à celles des tourne-broches, lesquelles étoient mises en mouvement par deux hommes à-la-fois, mais qui n'agissoient que pendant 5 minutes. Les Ouvriers, employés à cette besogne, étoient au nombre de dix, de sorte qu'ils avoient alternativement 20 minutes de repos & 5 de travail. Ils fournissoient dans une heure à-peu-près 7920 pintes, à la hauteur de 13 pieds $\frac{1}{2}$. Ne considérons que la quantité d'eau fournie par deux hommes en 5 minutes : elle étoit de 660 pintes, au lieu qu'elle auroit dû être de 1096. La différence est grande, & doit être attribuée à la pesanteur des chaînes

& à leur peu de tension ; car on avoit supprimé les poulies inférieures. Il faut observer encore que l'eau retombe plus facilement le long d'une chaîne de fer, que le long de la surface inégale & tortueuse d'une corde. Pour obvier à cet inconvénient, on peut entrelacer avec les anneaux de la chaîne plusieurs brins de ficelle hérissés de petits nœuds.

Expérience faite à l'Observatoire.

Le desir de savoir si l'eau pouvoit être élevée aux plus grandes hauteurs par la rotation d'une corde verticale sans fin, a engagé une Société d'Amateurs à faire cette épreuve à l'*Observatoire*, à 168 pieds d'élévation. La corde étoit de chanvre, & avoit 20 lignes de tour : or, deux hommes n'ont donné en 2 minutes que 15 pintes ; tandis qu'ils donneroient avec des seaux 38 pintes $\frac{2}{3}$. Ainsi, les seaux fournissant 10,000, cette corde a donné 3879 $\frac{1}{3}$, d'où l'on voit que, *plus la hauteur est grande, & plus il y a de perte d'eau avec la corde.*

Expérience faite rue de Seve.

Dans le Journal de Paris du 19 Juin 1782, on a parlé d'une triple corde établie *rue de Seve*, & qui donnoit un *ruisseau d'eau*, un *volume d'eau très-considérable*, sans spécifier ni la force, ni le temps, ni la hauteur : nous nous sommes transportés sur les lieux. Chaque corde a 18 lignes de tour ; la grande roue qui est de fer, 7 pieds de diametre. Deux hommes, en 5 minutes de temps, remplissent un tonneau de 2 pieds de largeur réduite sur 2 pieds 8 pouces de hauteur, ce qui fait 300 pintes ; l'eau n'est élevée qu'à 28 pieds. A cette même élévation, deux hommes, en 5 minutes, devroient fournir à-peu-près 524 pintes. Ces deux nombres sont entr'eux comme 10,000 est à 5765.

RÉCAPITULATION.

Noms des lieux où l'on a fait les épreuves.	Hauteurs auxquelles l'eau a été élevée.	Durée de l'épreuve.	Nombre d'hommes.	Pourtour des cordes.	Produit en pintes.		Produit des cordes, celui de seaux étant 10,000.
					Avec la corde.	Avec les seaux.	
	Pieds.	Minutes.		Lig.			
Petite-Pologne.	13 ½	5	2		660	1096	6075
Rue de Seve.	28	5	2	18	300	524	5765
Rue Plâtriere.	63	8	2	21	250	373 ½	6782
Courbe-Voie.	80	10	4	40	489	733	6664
Obſervatoire.	168	2	2	20	15	38 ⅔	3879

Il y a dans toutes ces épreuves un défaut frappant, c'eſt que les hommes n'ont travaillé que pendant quelques minutes ; mais paſſons là-deſſus, & prenons un milieu entre les cinq réſultats : nous aurons 5233 avec la corde, les ſeaux fourniſſant 10,000, au lieu que par la chûte de nos poids nous avons eu 4806. Cette petite différence vient de pluſieurs cauſes, qu'il ſeroit trop long de détailler, mais qu'il eſt facile d'appercevoir.

En jettant les yeux ſur le tableau qui précede, on voit que les deux cordes établies par M. *Vera*, l'une rue *Plâtriere*, & l'autre à *Courbe-Voie*, ſont celles qui ont donné les plus grandes quantités d'eau, ſavoir, *6782* & *6664*, comparativement au produit des ſeaux ſuppoſé 10,000.

Comparaiſon du produit des cordes avec celui des pompes.

Les pompes ont une deſtinée aſſez ſinguliere : elles ſont préférées par quelques perſonnes à tous les autres moyens d'élever l'eau, & par d'autres elles ſont regardées comme inférieures de beaucoup aux ſeaux & à la poulie fixe. Il y auroit bien des choſes à dire ſur ces deux opinions contraires ; mais ce n'eſt pas ici le lieu d'entrer dans cette diſcuſſion. On ne peut nier que les pompes ne ſoient coûteuſes à établir & à entretenir : d'ailleurs, loin des grandes Villes, on ne trouve pas toujours des Ouvriers adroits & intelligens. Mais ces inconvéniens ne prouvent rien contre le produit ou l'effet des pompes : il n'en eſt pas moins vrai que ſi une pompe eſt bien faite, ſi les proportions ſont bien gardées dans toutes ſes parties, ſi les piſtons ſont fideles ; il n'en eſt pas moins vrai, dis-je, qu'elle produit plus d'eau que deux ſeaux ; & cela, parce qu'un homme fatigue moins à une pompe qu'à des ſeaux, & qu'avec la pompe il n'y a pas de temps perdu à verſer l'eau comme avec des ſeaux. Ceux-ci donnant 10,000, une pompe fournira 11,779, *cæteris paribus*. Or, nous avons trouvé que la corde fournit 5233, les ſeaux produiſant auſſi 10,000 : voilà donc trois réſultats qui peuvent ſervir de regles dans la pratique, ſavoir, 10,000 pour les ſeaux, 11,779 pour les pompes, 5233 pour la corde ; ou ſi l'on veut des nombres plus faciles à retenir, une force étant donnée, ainſi que la hauteur à laquelle l'eau doit être élevée, il faut s'attendre à obtenir dans le même temps une quantité d'eau qui, étant exprimée par 100 ſi l'on emploie des ſeaux, le ſera par 53 avec la corde, & par 118 avec une pompe.

CONCLUSION.

Que réſulte-t-il de tout ce qui vient d'être expoſé ? L'idée d'élever de l'eau par la rotation d'une corde verticale ſans fin, eſt une idée neuve, une idée très-heureuſe ; & la quantité d'eau que l'on obtient ainſi a lieu de ſurprendre, puiſque le poids de l'eau qui monte n'eſt ſoutenu par aucun vaſe adhérent à la corde : mais à cauſe des poulies, des roues & des manivelles qu'il faut employer pour faire mouvoir la corde, ce mécaniſme eſt moins ſimple que celui de la baſcule, moins ſimple que celui des ſeaux & de la poulie, ou du treuil mu par des manivelles : il eſt en même temps plus diſpendieux & plus embarraſſant.

La corde, il eſt vrai, l'emporte ſur les pompes quant à la ſimplicité ; mais elle produit beaucoup moins, & il y a bien des circonſtances où il faut, de toute néceſſité, recourir aux pompes. Elles ſeules peuvent donner abondamment de l'eau à de grandes hauteurs, ſur-tout lorſque l'eau doit monter le long d'une colline ; elles ſeules peuvent, dans le cas d'incendie, verſer, ſans interruption, une grande quantité d'eau ; elles ſeules peuvent ſervir aux épuiſemens ſur les vaiſſeaux, ou fournir de l'eau aux fontaines d'une Ville, lorſqu'il eſt impoſſible d'y en amener par un aquéduc.

La poulie ſupérieure eſt ſujette à ſe rouiller, & de-là réſulte une augmentation de frottemens ; l'inférieure préſente en outre quelques difficultés pour être fixée dans l'eau & pour renouveller la corde.

Tels ſont les avantages & les inconvéniens de ce mécaniſme conſidéré en lui-même. Quant aux applications que l'on en peut faire, ſi l'on a du temps ou de la force de reſte, il peut avoir ſon utilité, d'autant plus que la corde tourne toujours du même ſens, & verſe l'eau d'une maniere continue : mais *ſi l'on veut obtenir avec la force que l'on emploie, la plus grande quantité d'eau poſſible, à une hauteur & en temps donnés, de tous les moyens propoſés juſqu'ici, le moins efficace eſt celui de la rotation d'une corde verticale ſans fin.*

FIN.

AVIS.

LE sieur BERTHELOT, pendant le cours de l'impression de ce Volume, a changé de demeure; elle est présentement rue de la Marche, au Marais.

QUITTANCE DE SOUSCRIPTION.

JE soussigné, Auteur de l'Ouvrage intitulé : La Mécanique appliquée aux Arts, aux Manufactures, à l'Agriculture & à la Guerre, *reconnois avoir reçu de M.*

pour le dernier Volume dudit Ouvrage, orné de soixante-douze planches, la somme de 24 livres, faisant, avec les 48 livres du premier Volume, celle de trois louis, prix de l'abonnement; & j'autorise ledit sieur à jouir des privileges attachés à la Souscription, conformément aux conditions insérées dans mon Prospectus.

A Paris, ce 178

Pl. 61.

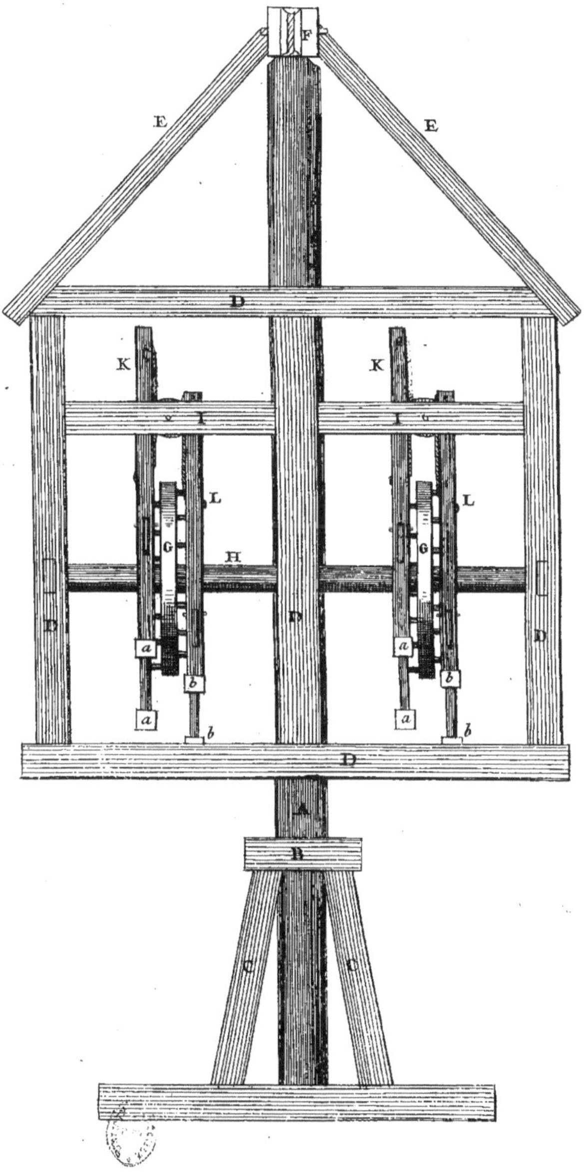

Pl. 62.

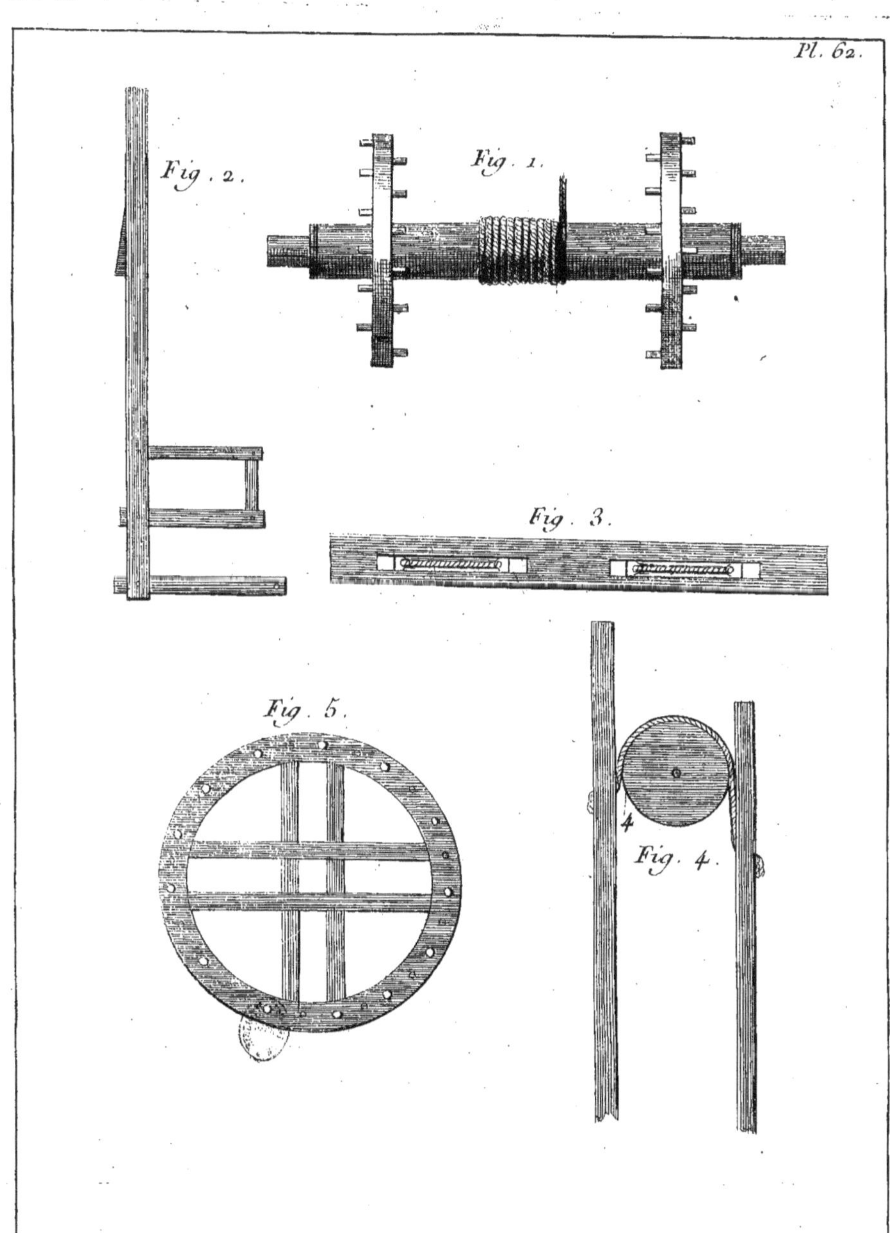

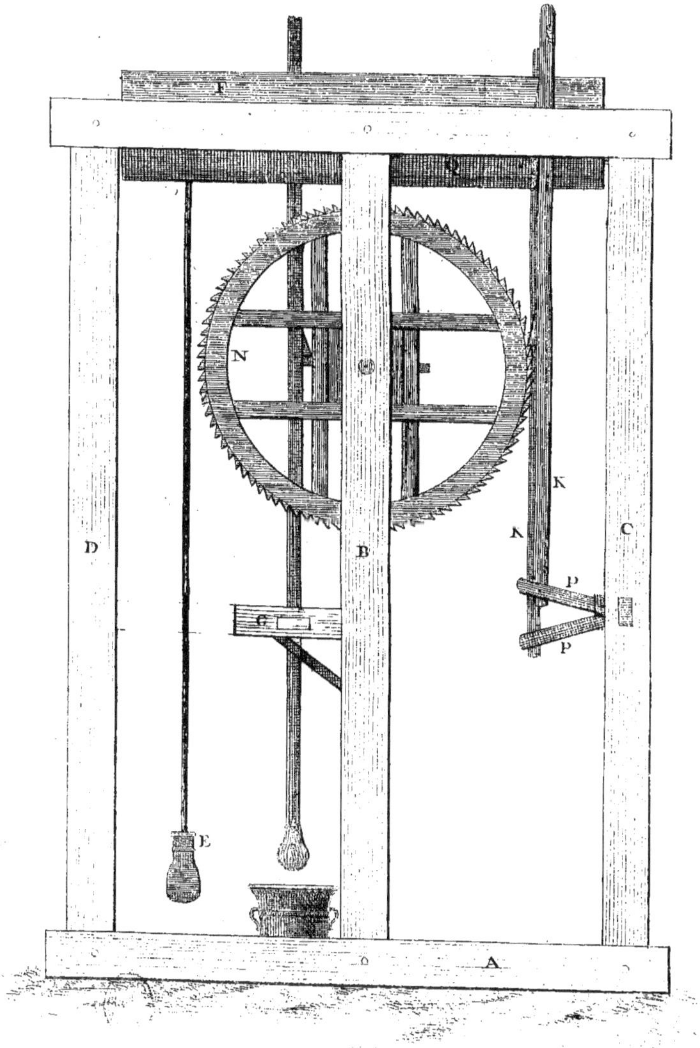

Pl. 63.

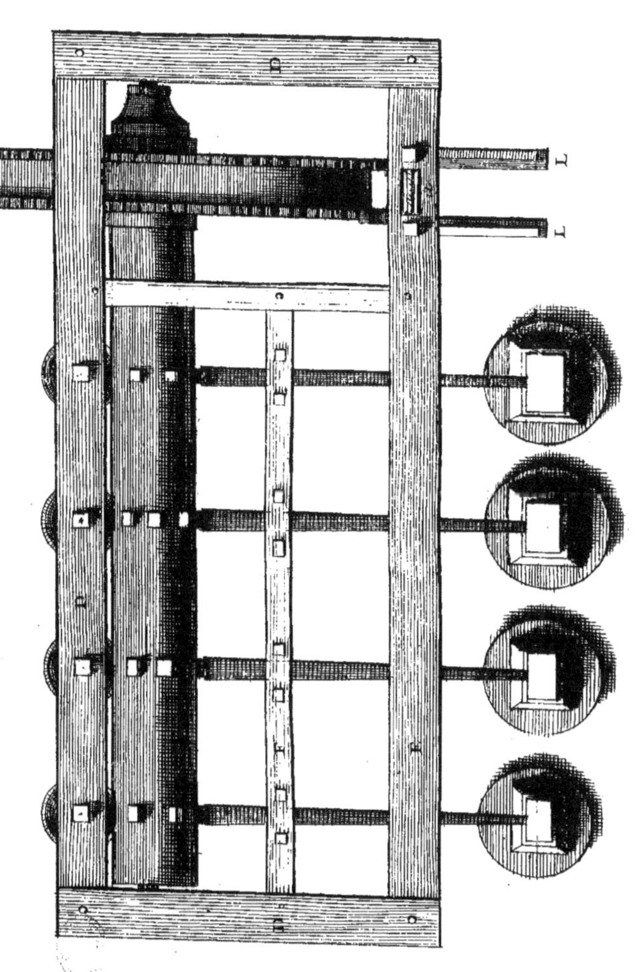

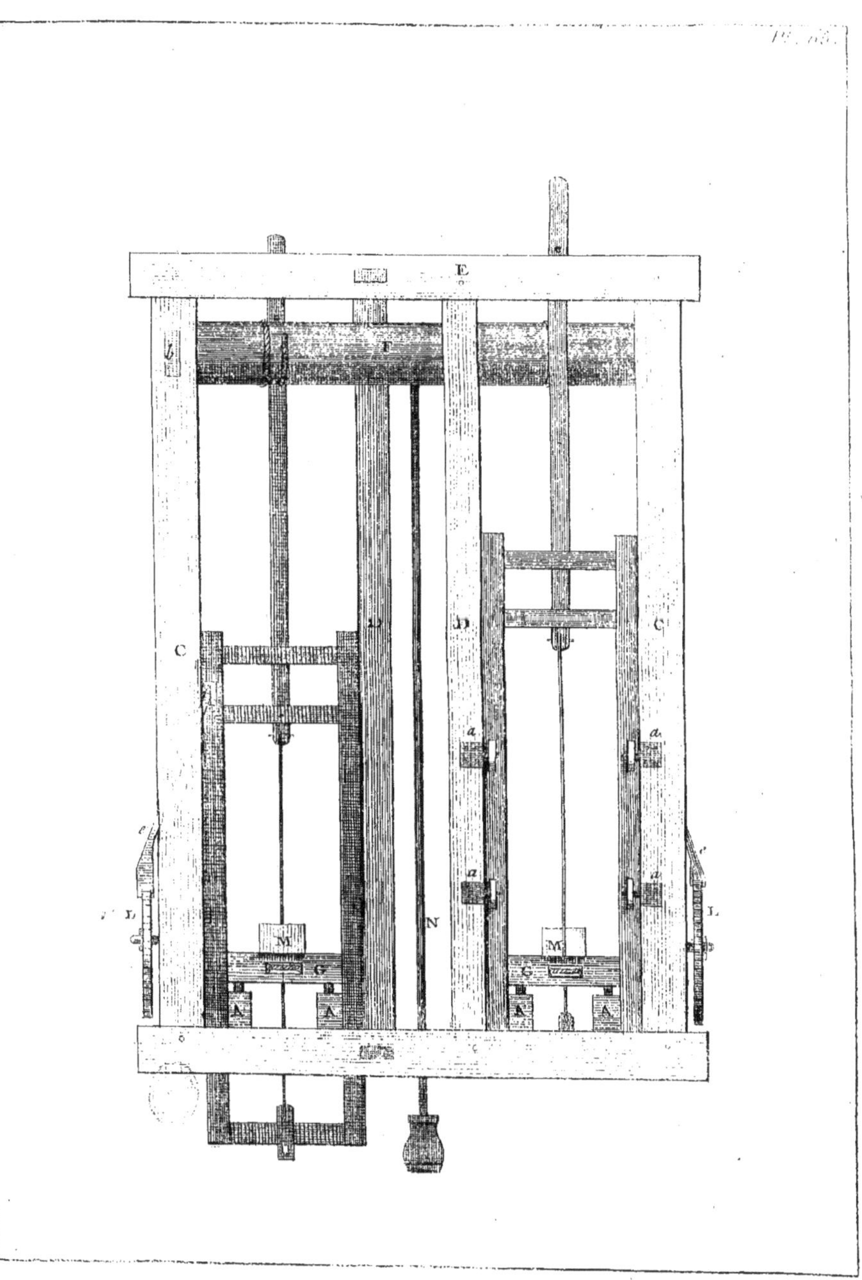
E
F
b
C
D
D
C
a
a
a
a
e
e
L
L
N
M
M
G
G
A
A
A
A

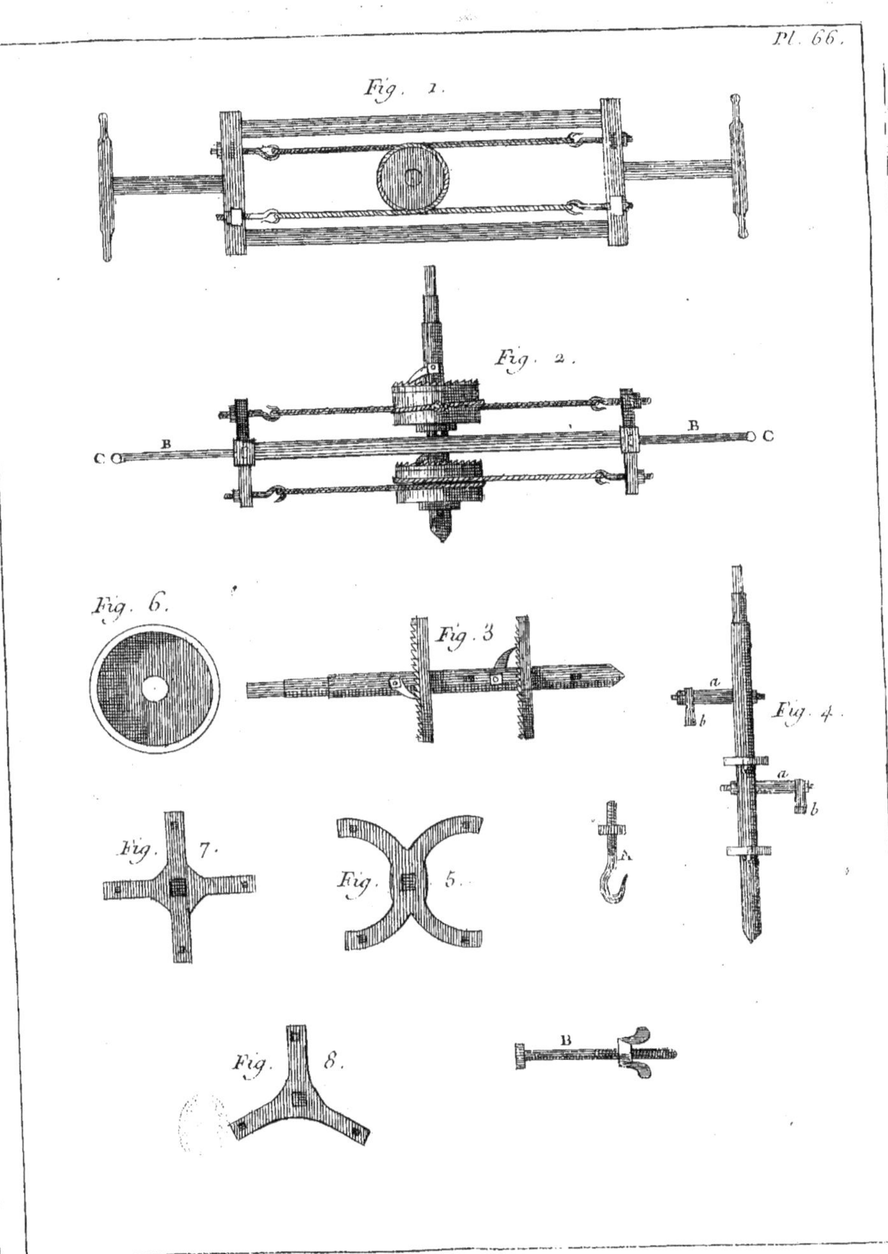
Fig. 1.
Fig. 2.
C
B
B
C
Fig. 6.
Fig. 3
a
b
Fig. 4.
a
b
Fig. 7.
Fig. 5.
A
Fig. 8.
B

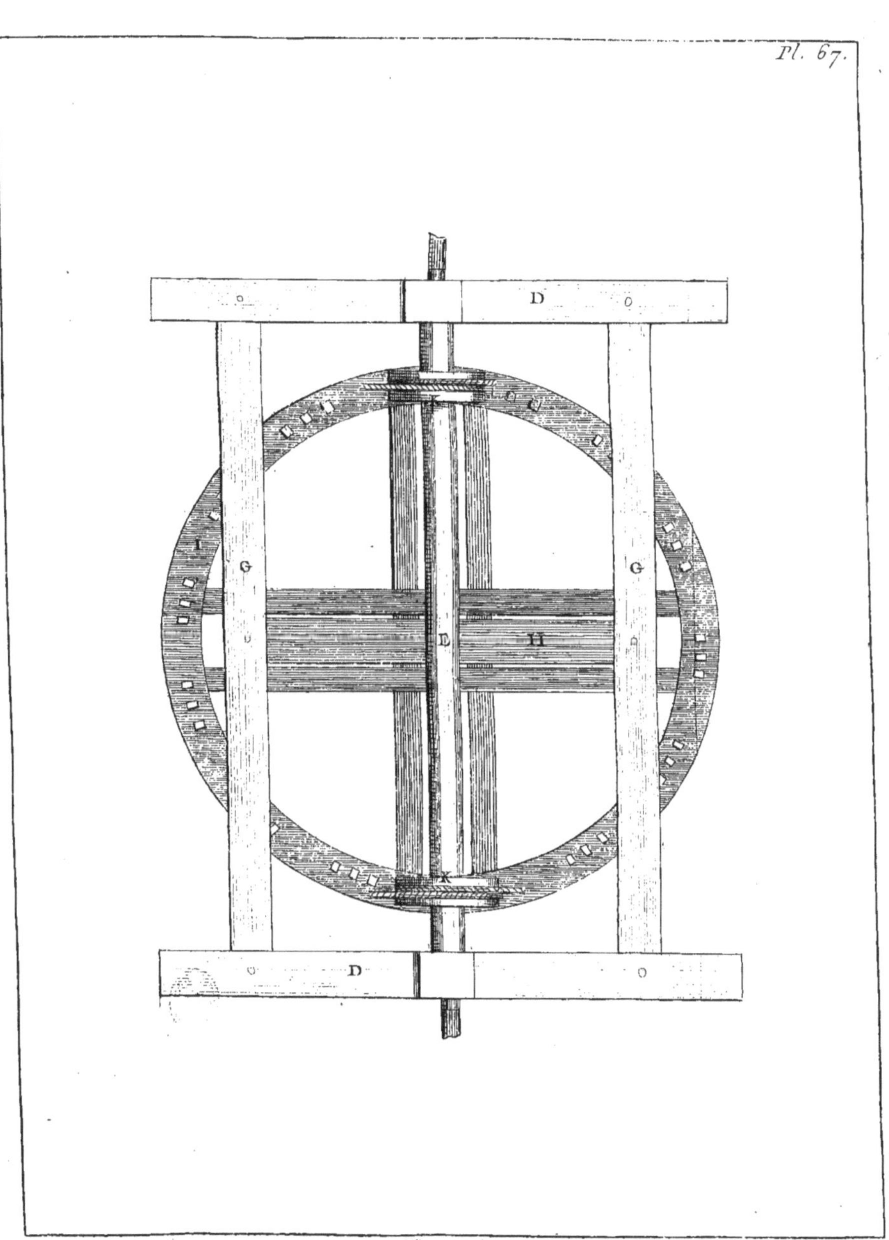
Pl. 67.
D
D
G
G
I
E
H
K

Pl. 68.

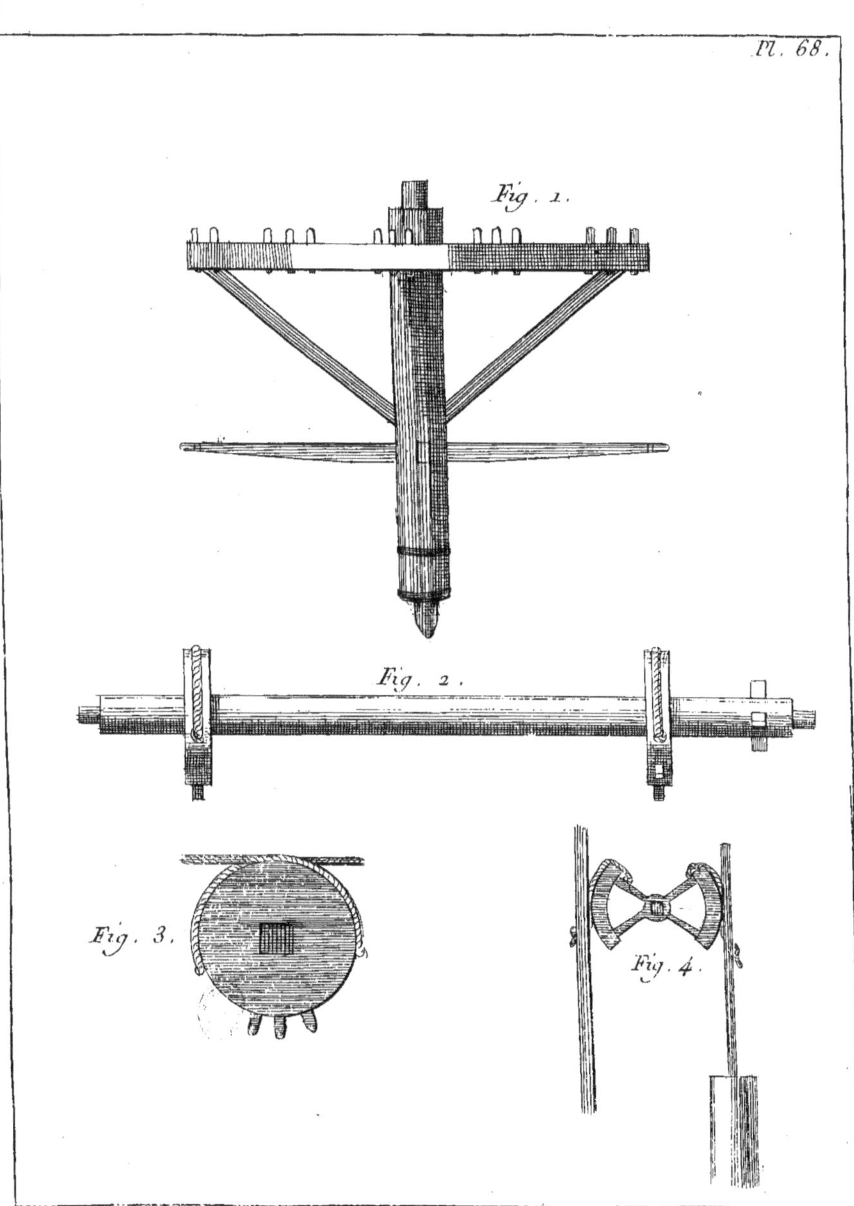

Pl. 69.

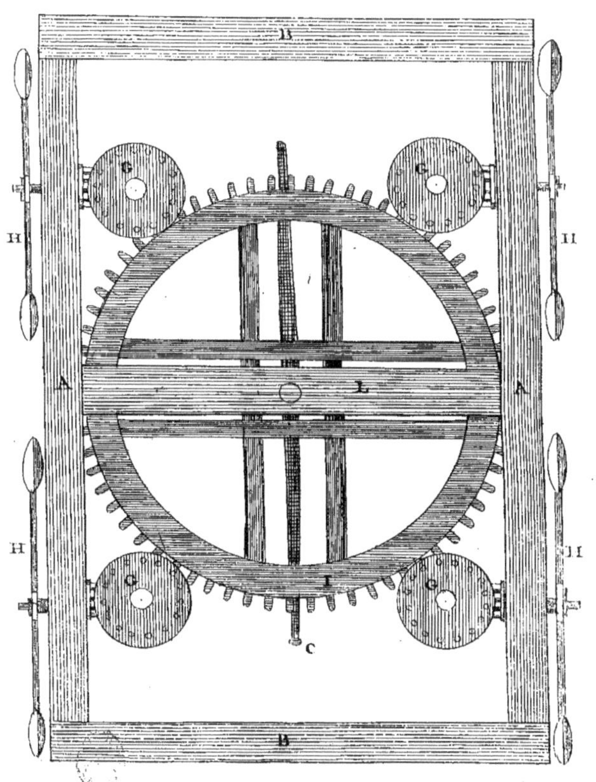

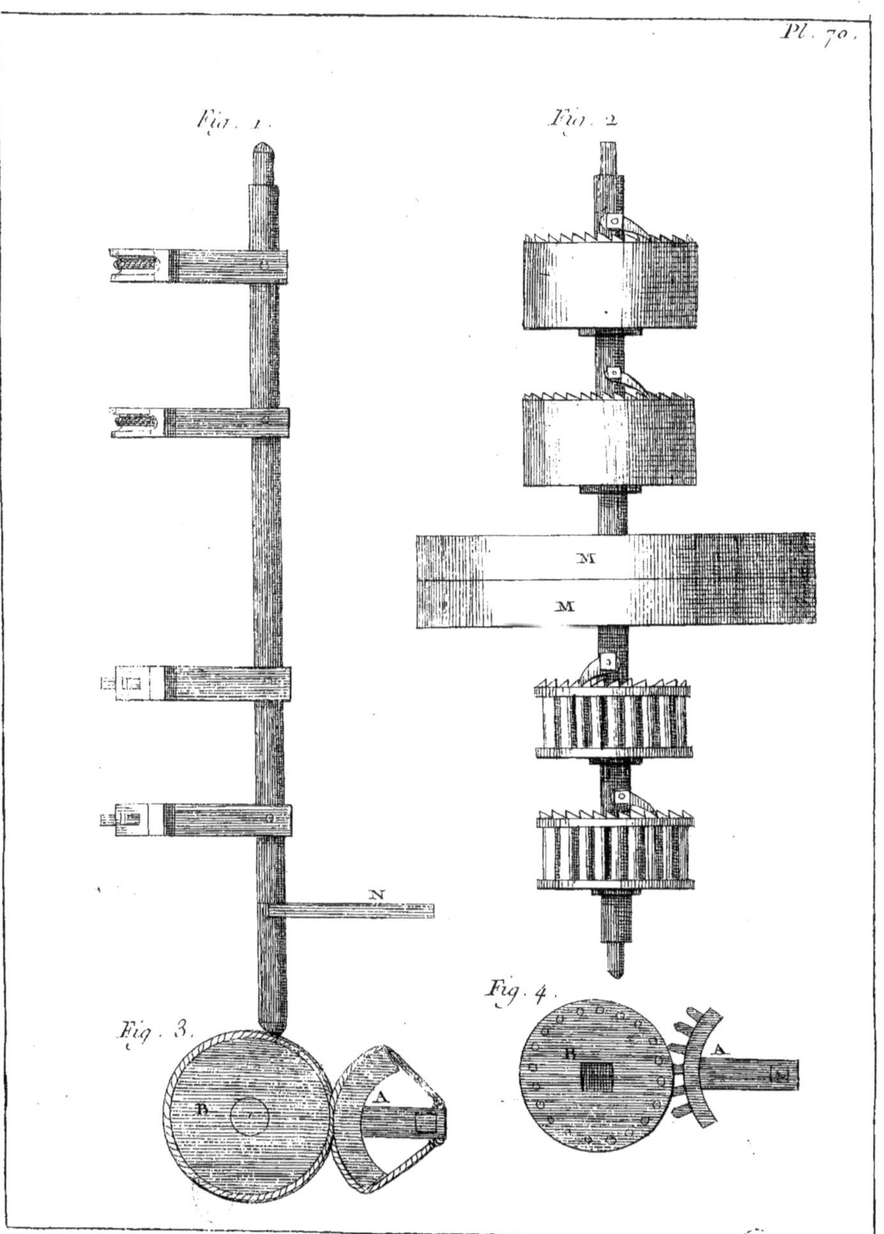
Fig. 1.
Fig. 2
M
M
N
Fig. 3.
B
A
Fig. 4.
B
A

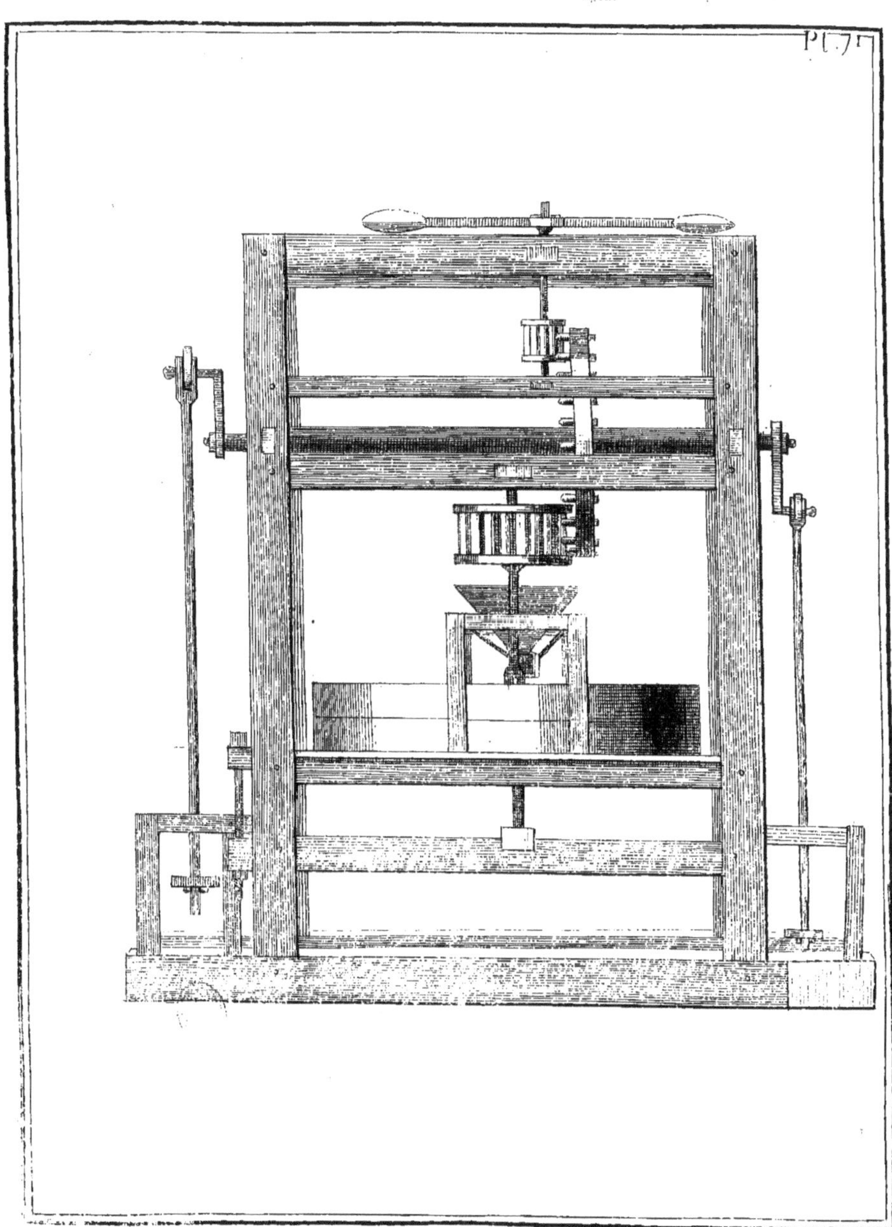
Pl. 71

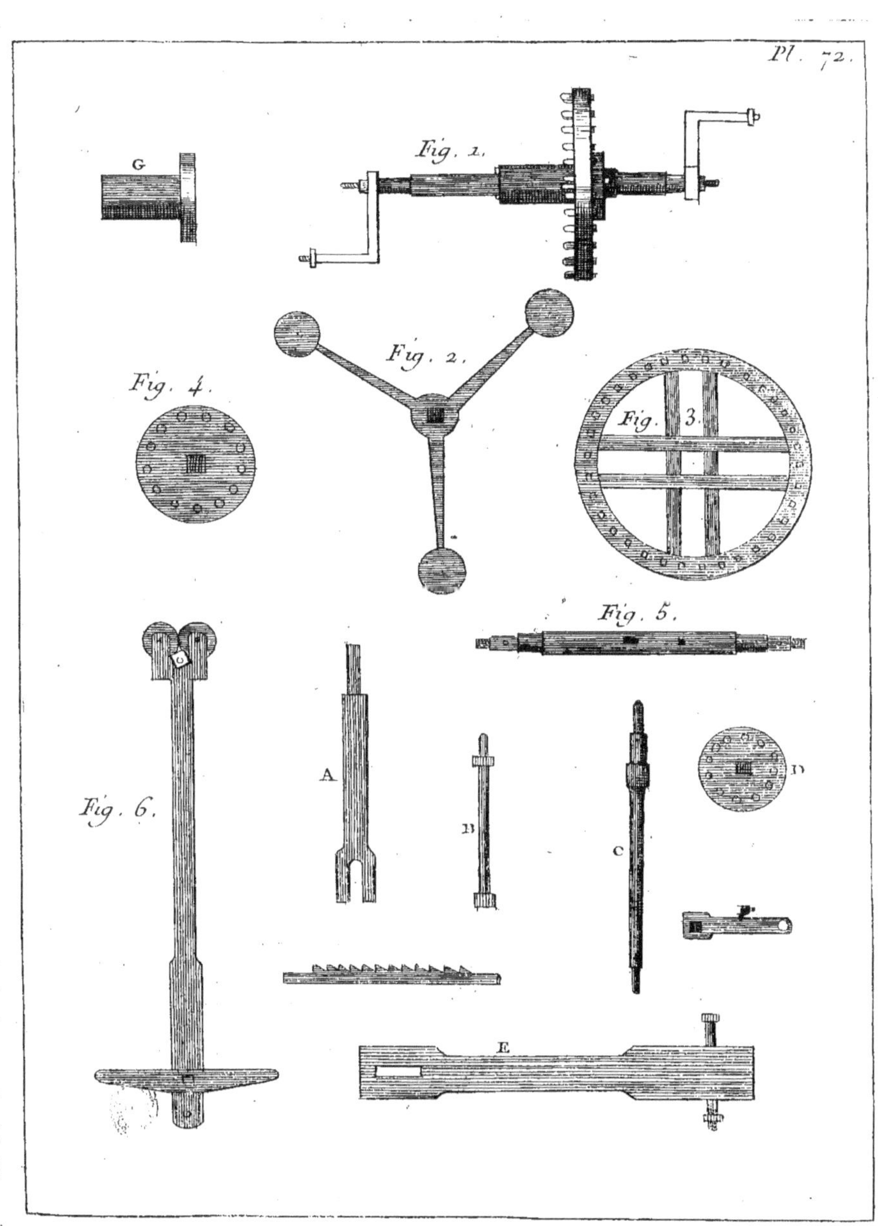
G
Fig. 1.
Fig. 2.
Fig. 4.
Fig. 3.
Fig. 5.
Fig. 6.
A
B
C
D
E

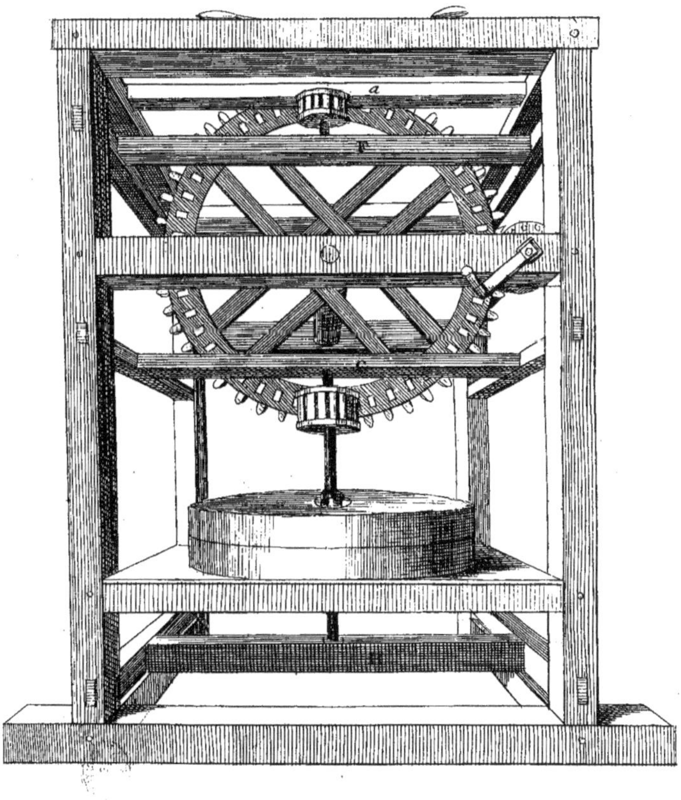

Pl. 73.

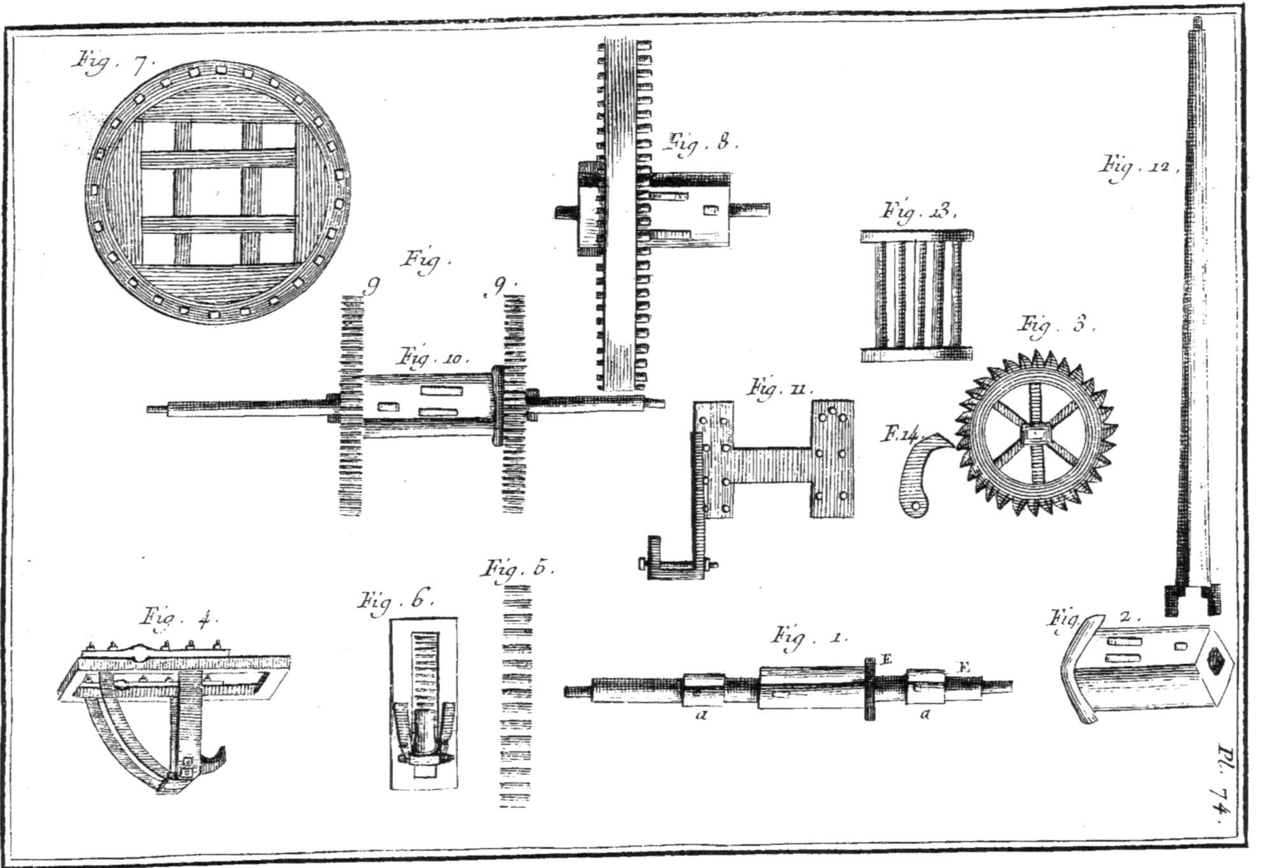

Fig. 7.
Fig. 8.
Fig. 12.
Fig. 13.
Fig.
9
9.
Fig. 10.
Fig. 3.
Fig. 11.
F. 14.
Fig. 5.
Fig. 6.
Fig. 4.
Fig. 1.
E
E
a
a
Fig. 2.
Pl. 74.

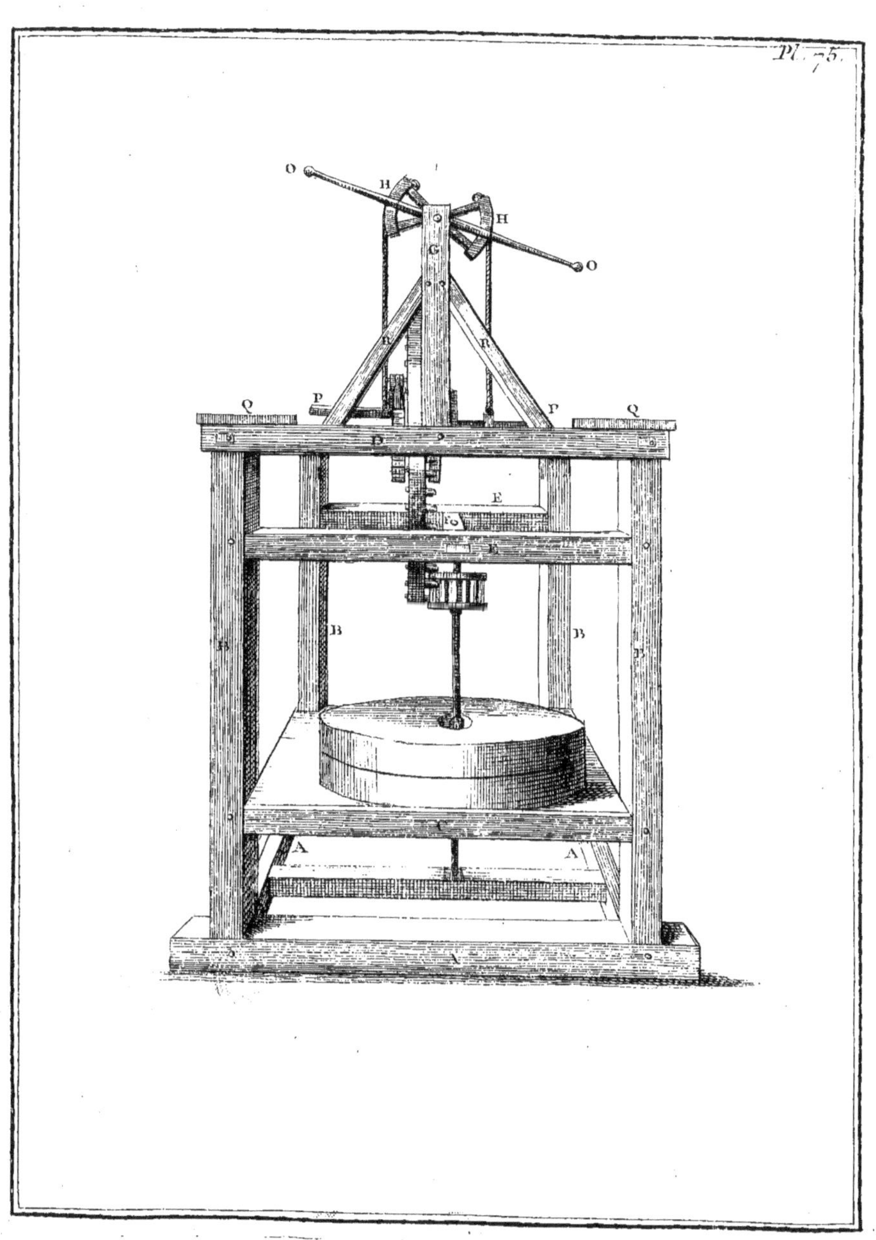

Pl. 75.
O
H
H
G
O
R
R
Q
P
P
Q
D
E
F
B
B
B
B
A
A

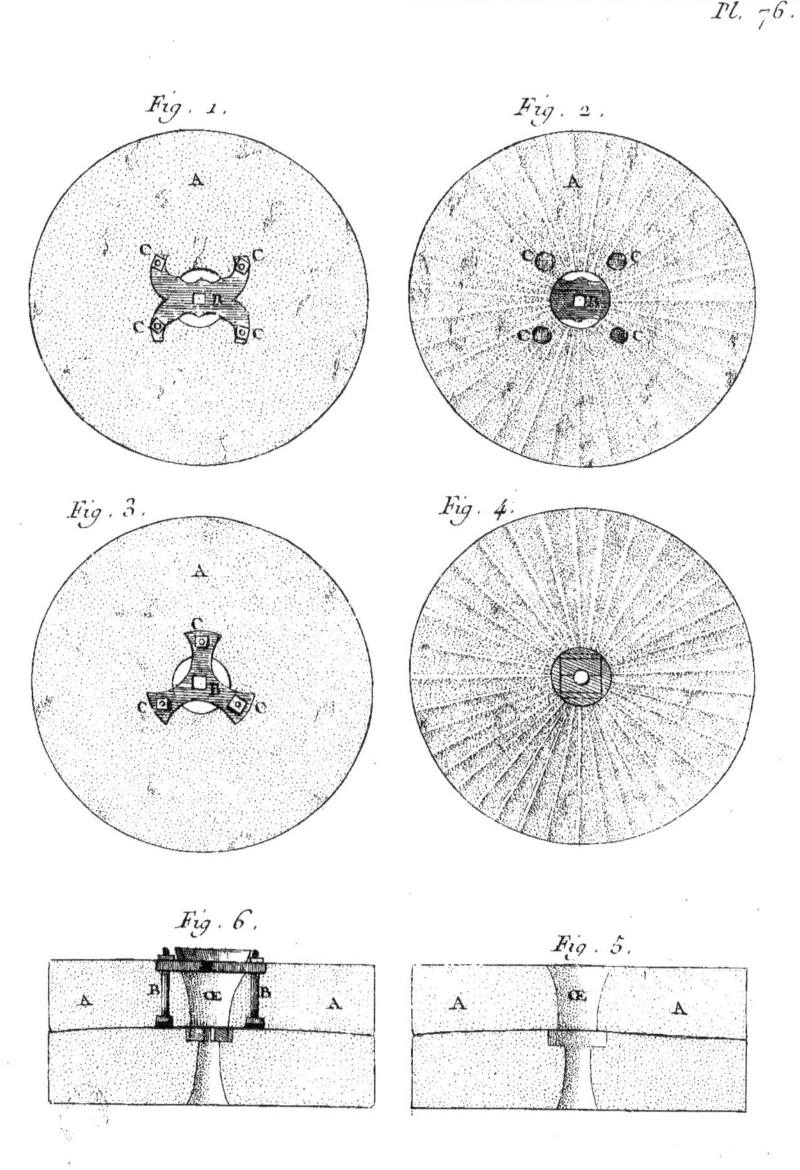
Pl. 76.
Fig. 1.
A
C
C
B
C
C
Fig. 2.
A
C
C
B
C
C
Fig. 3.
A
C
B
C
C
Fig. 4.
Fig. 6.
A
B
Œ
B
A
Fig. 5.
A
Œ
A

Pl. 77.

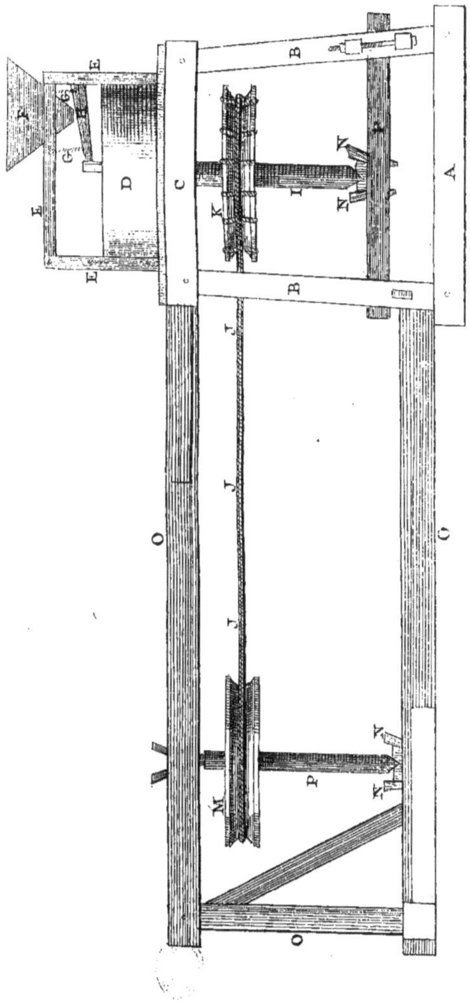

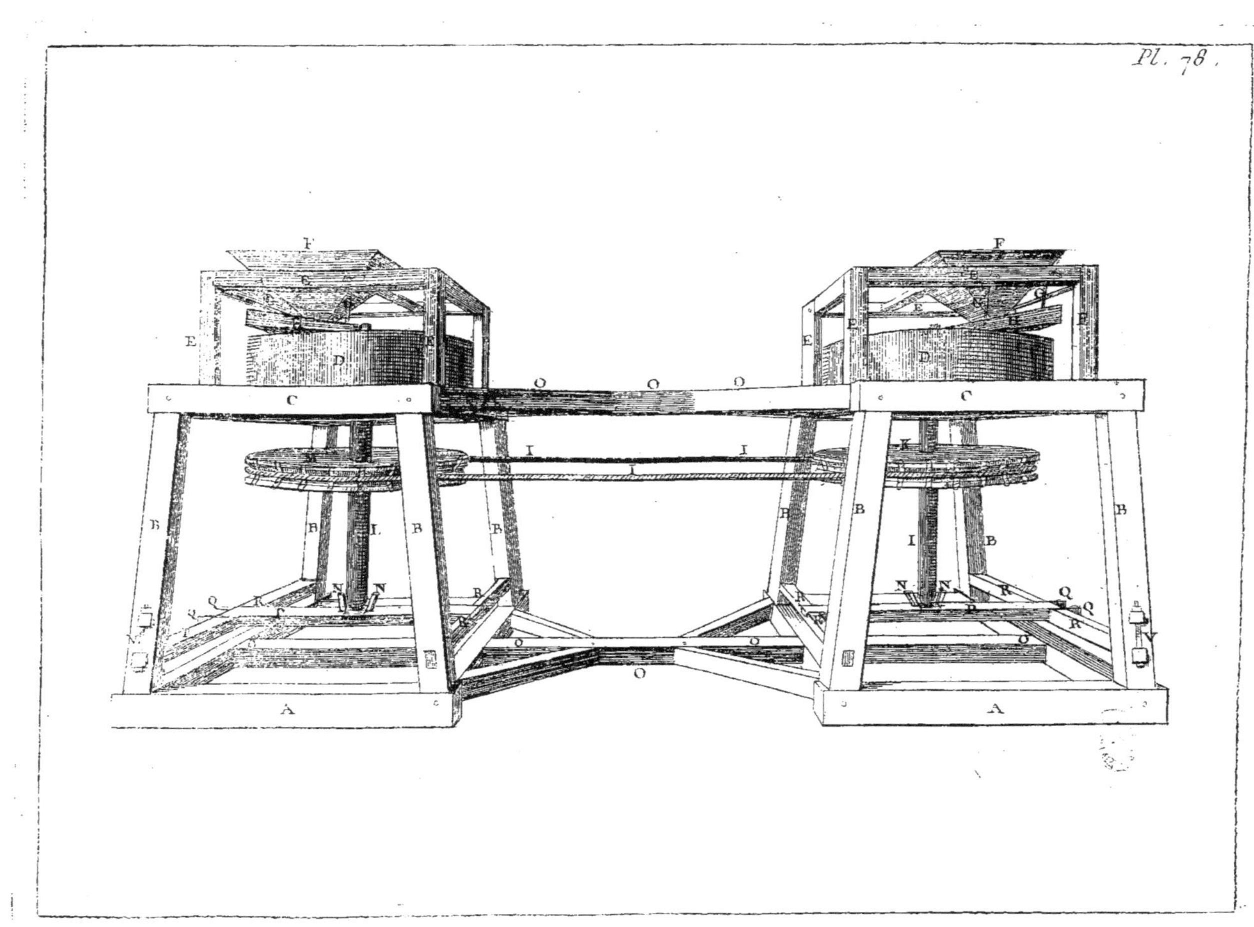

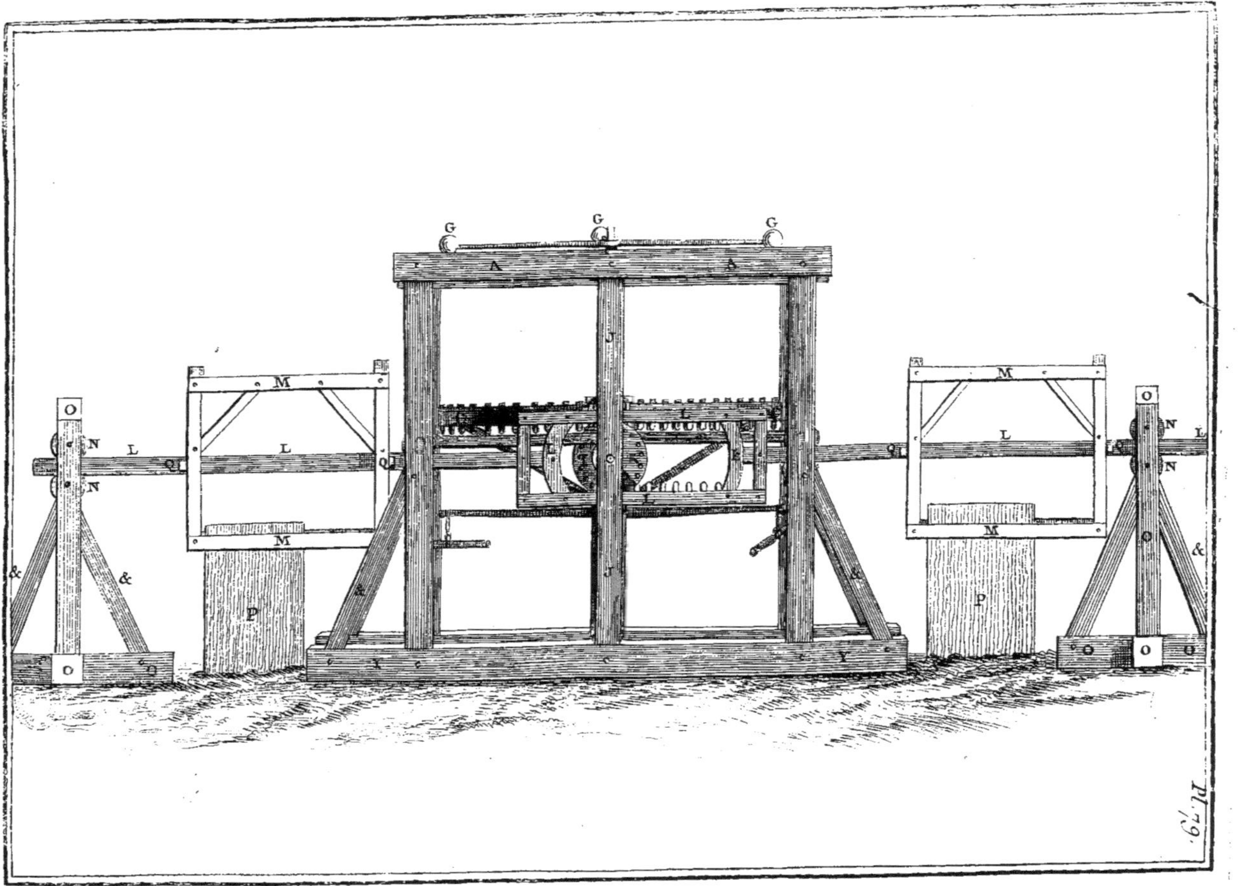

Pl. 79.

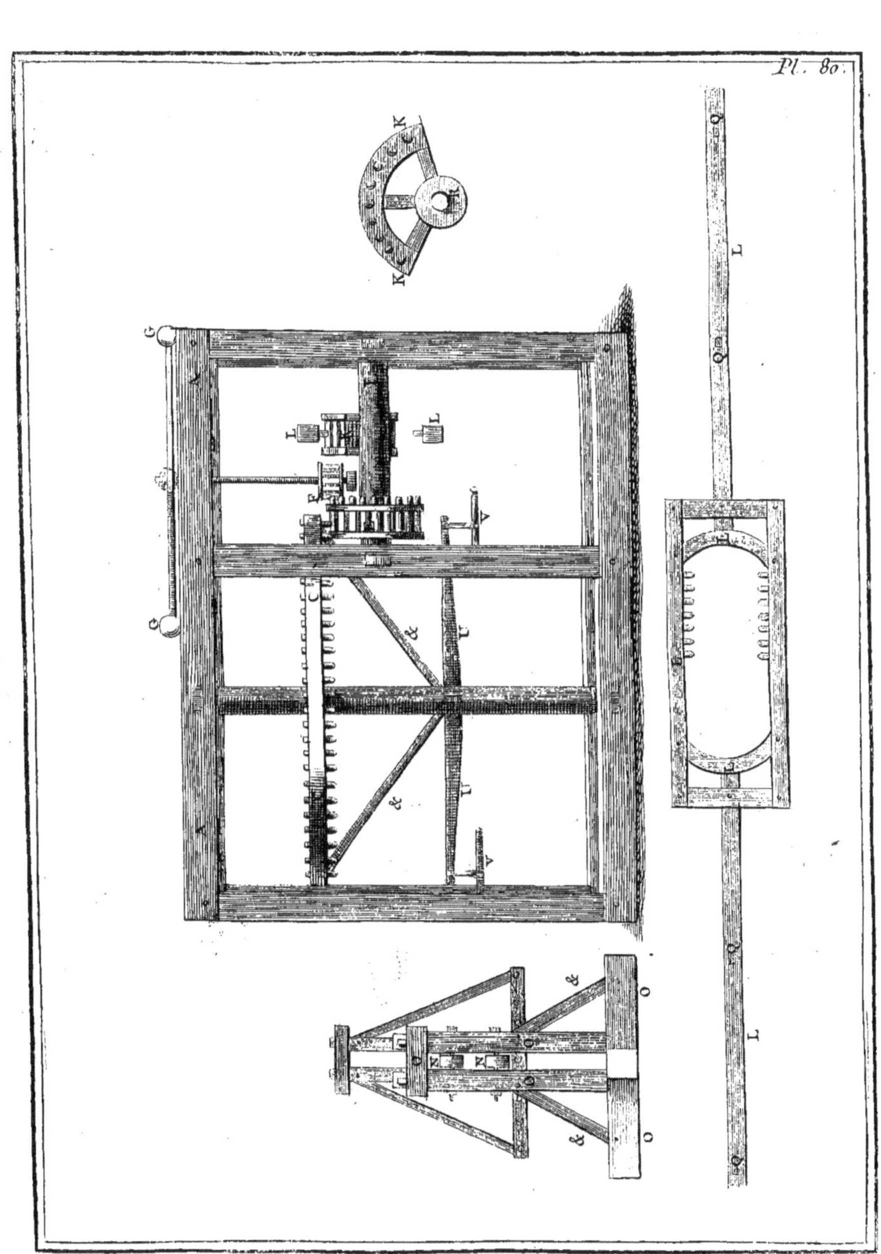
Pl. 80.

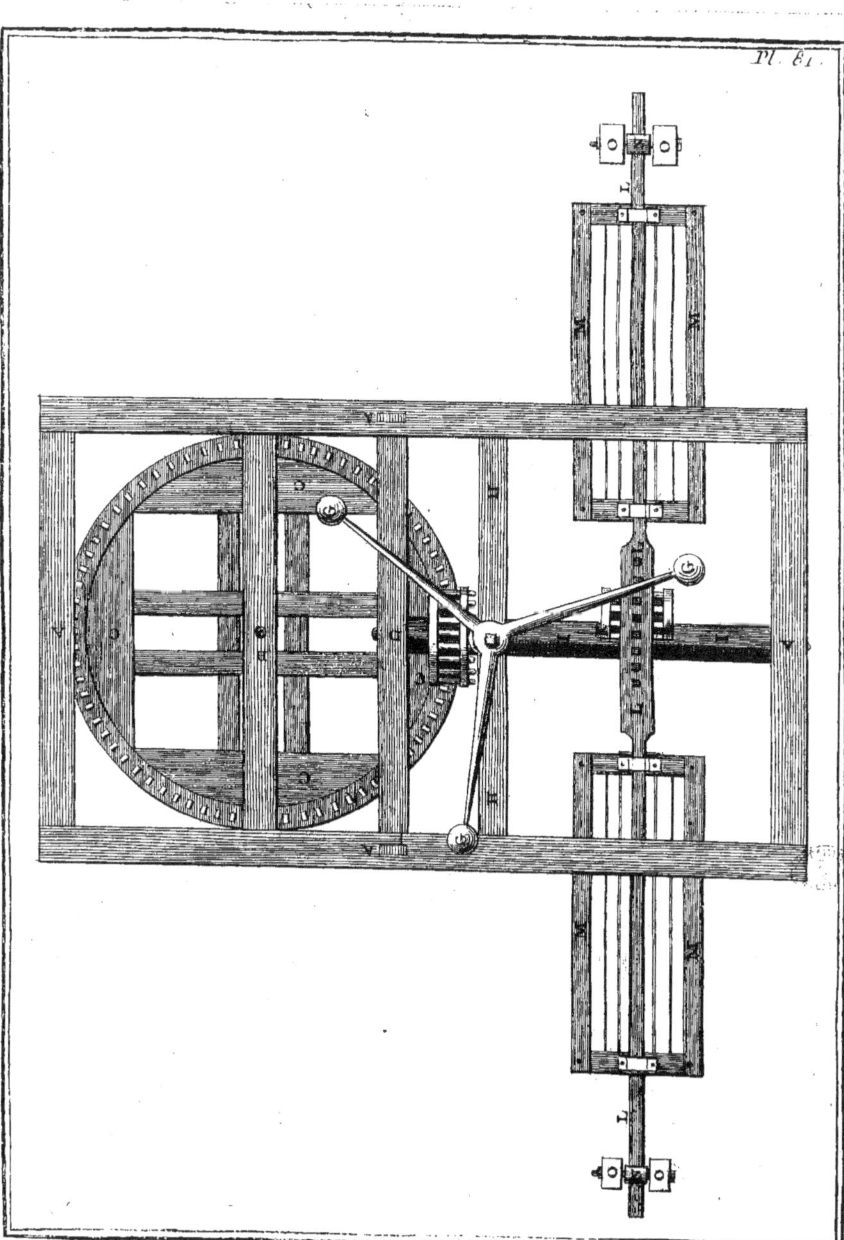

Pl. 81.

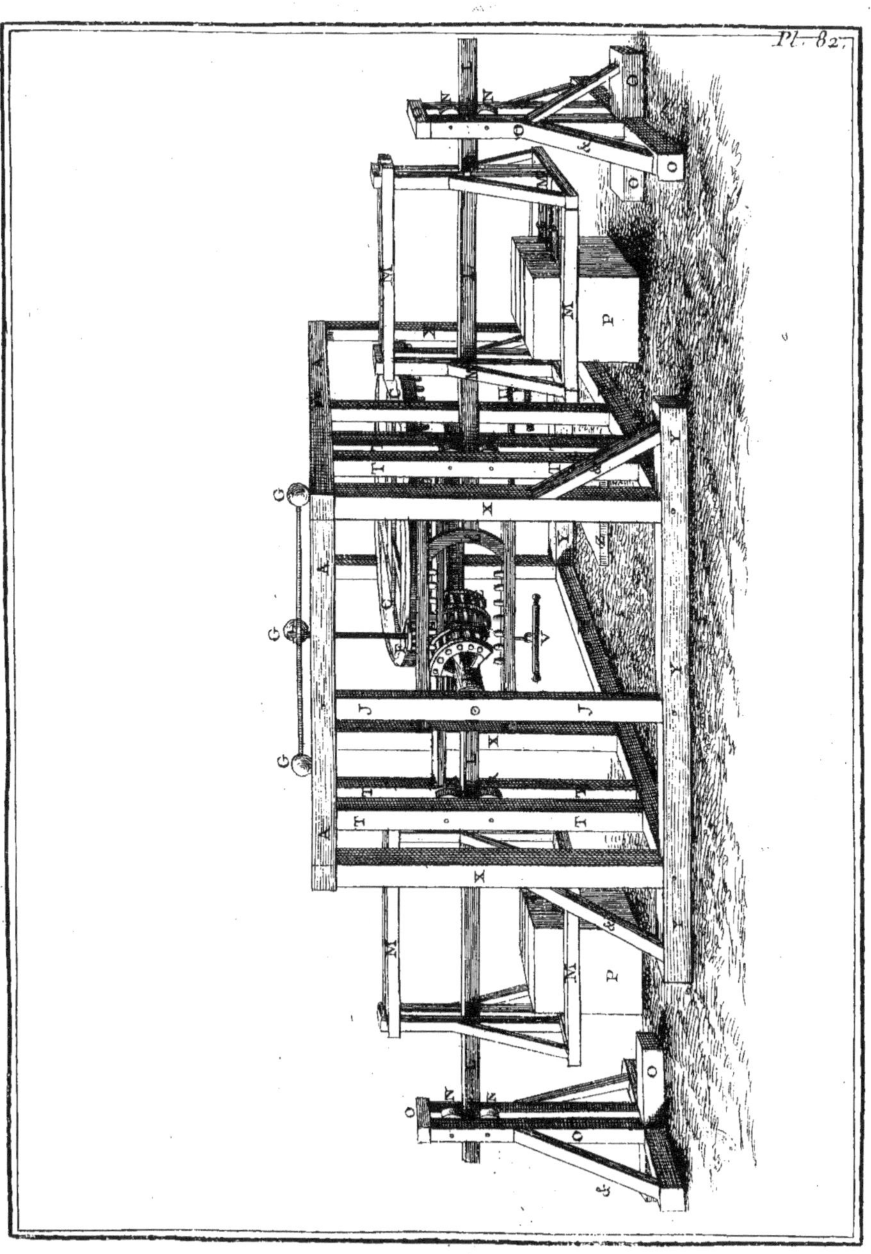

Pl. 82.

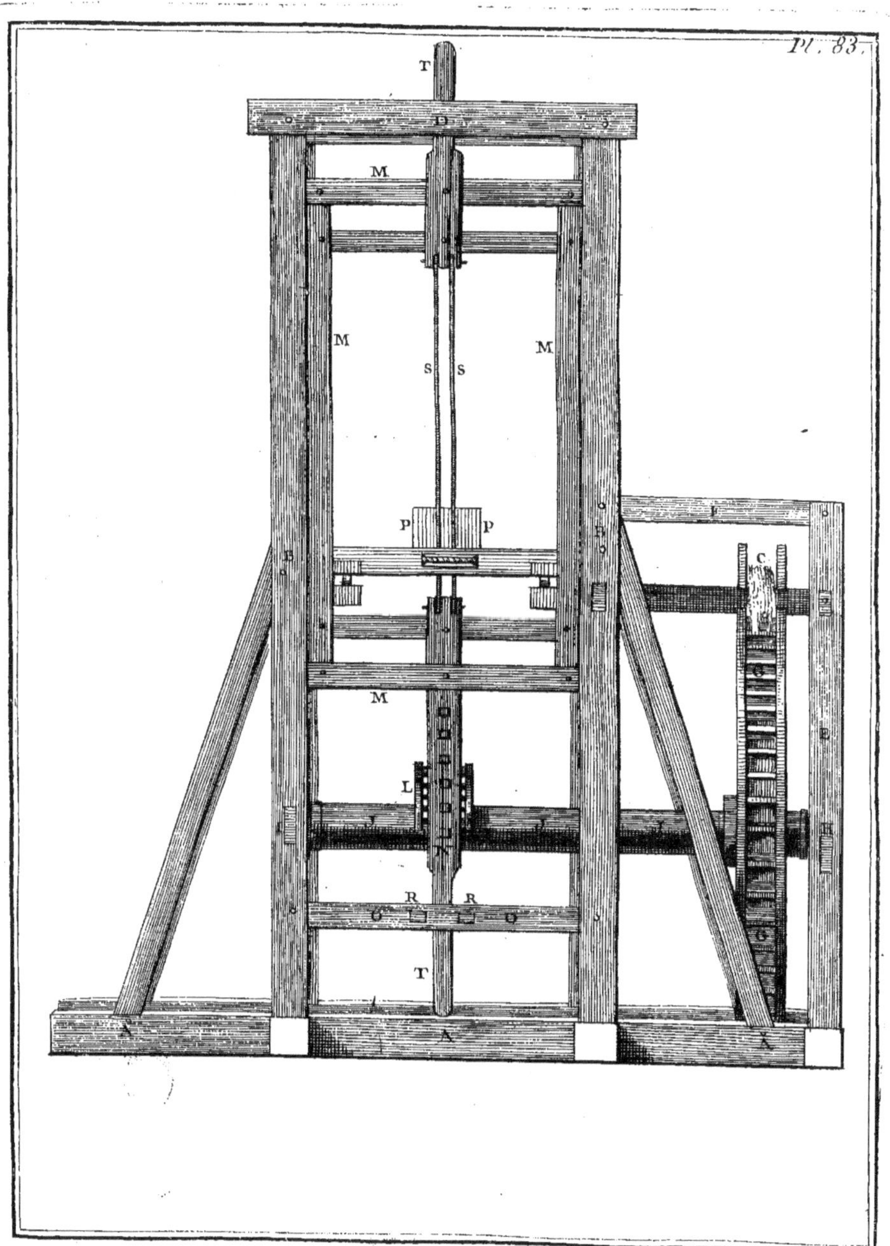
Pl. 83.
T
D
M
M
M
S
S
P
P
B
B
C
F
G
E
H
L
M
R
R
T
A
A
A

Pl. 84.

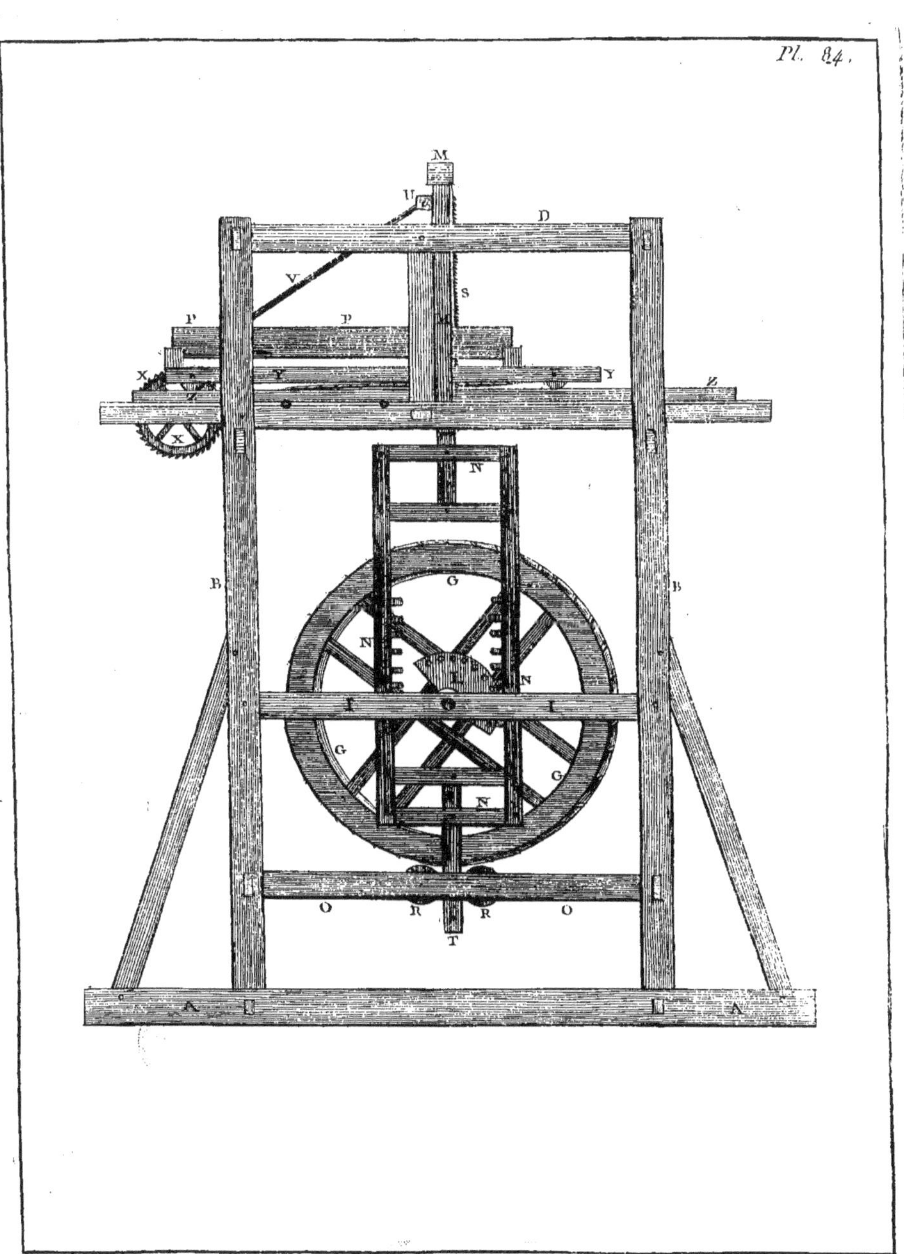

Pl. 85.

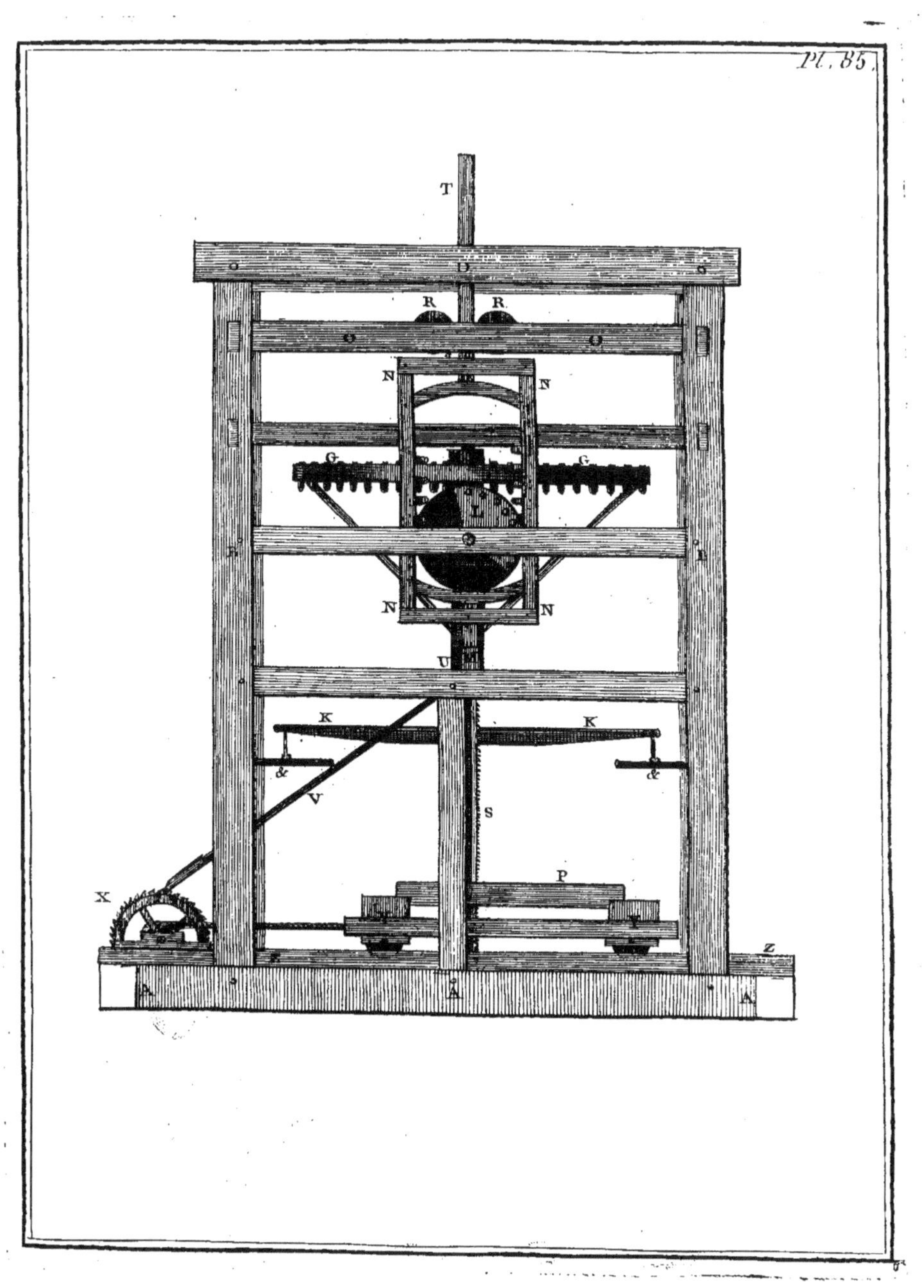

Pl. 86.

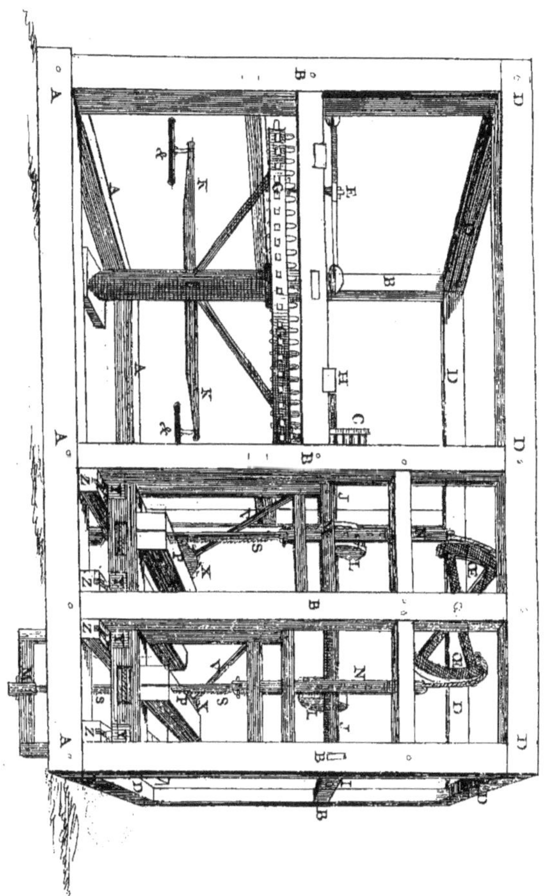

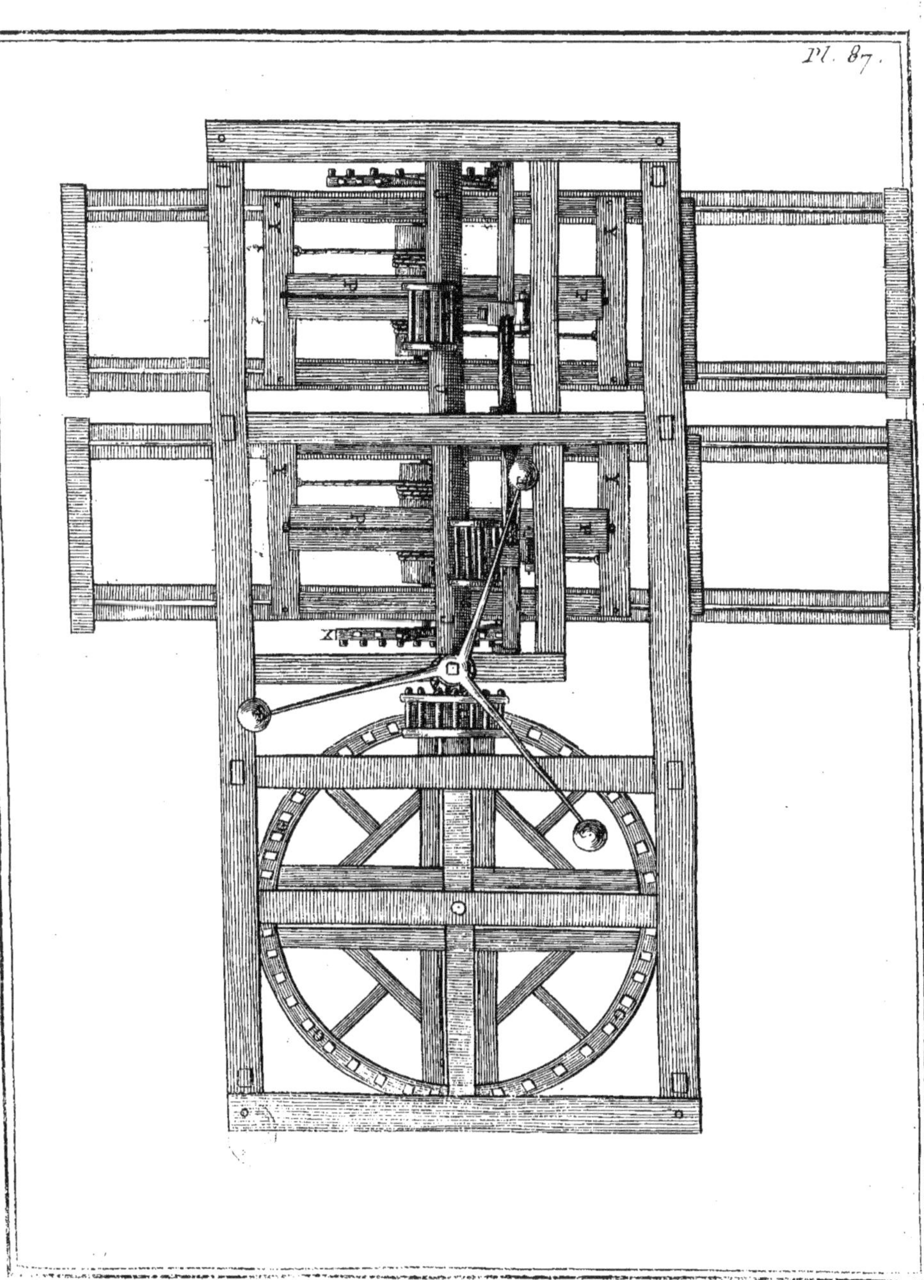
Pl. 87.

Pl. 88

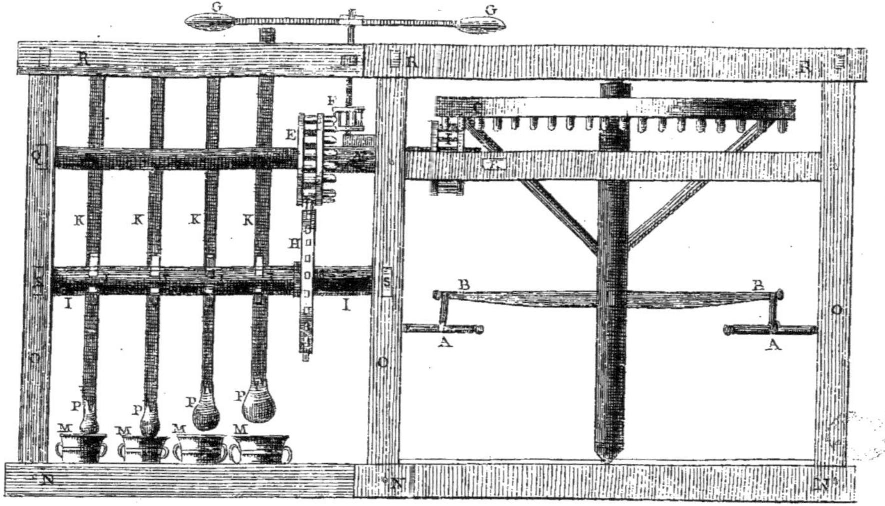

Pl. 89.

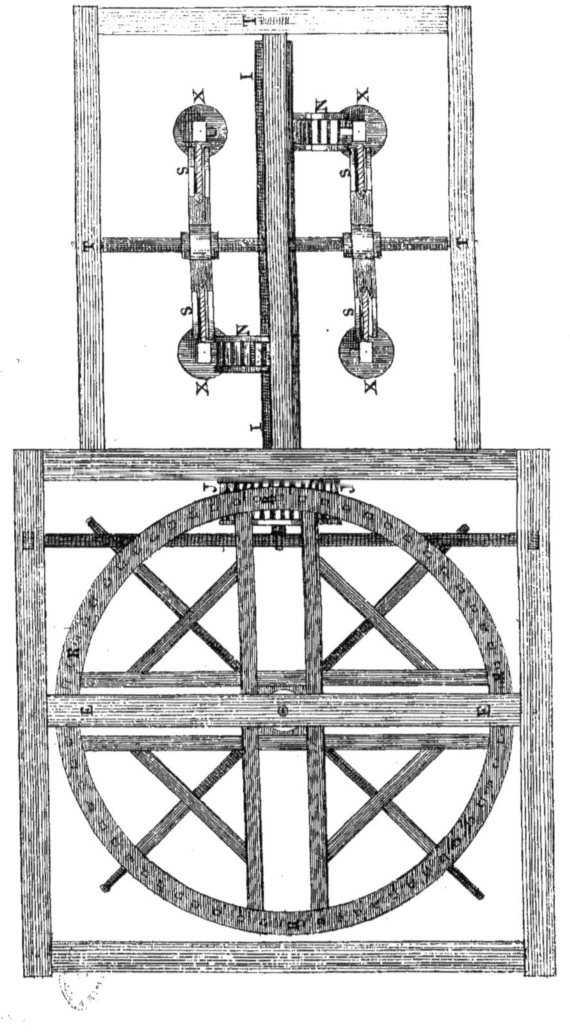

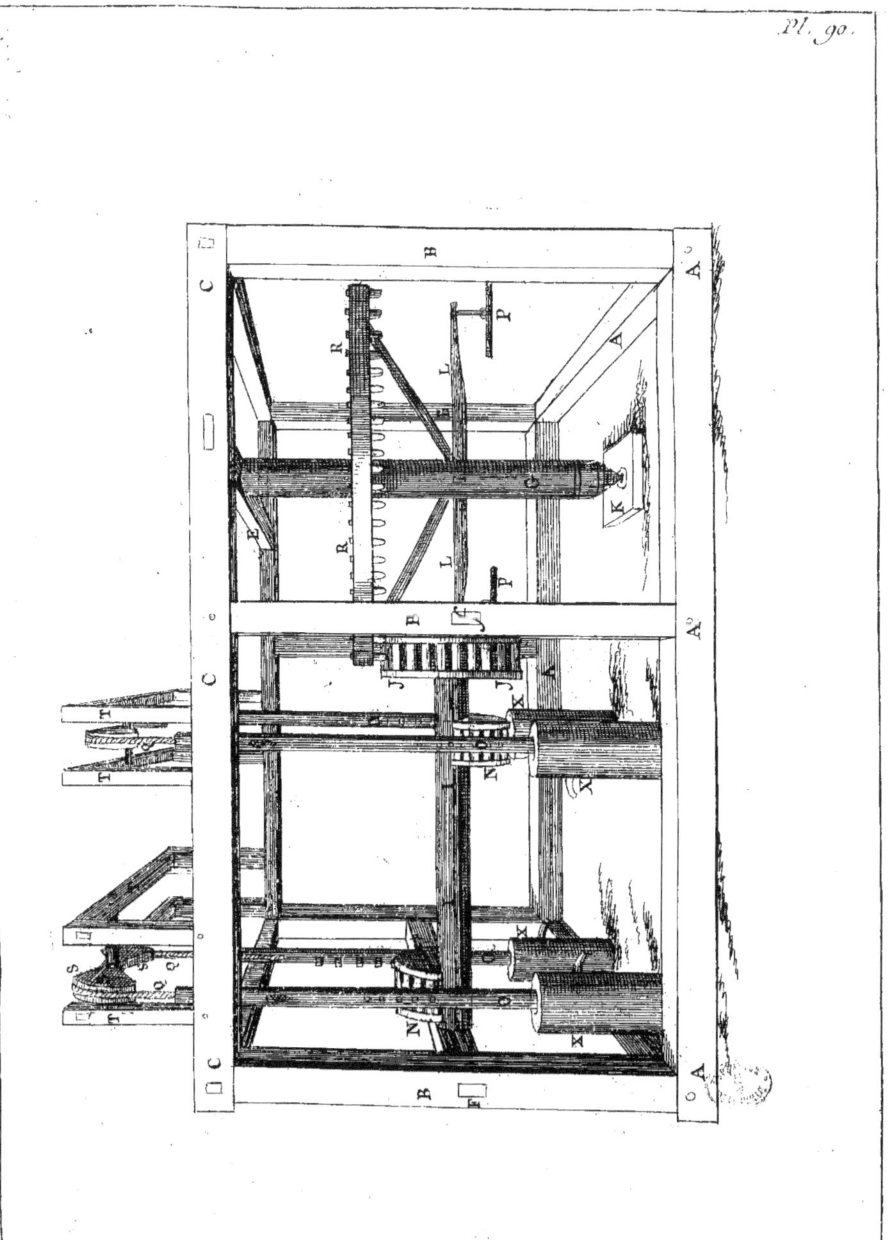

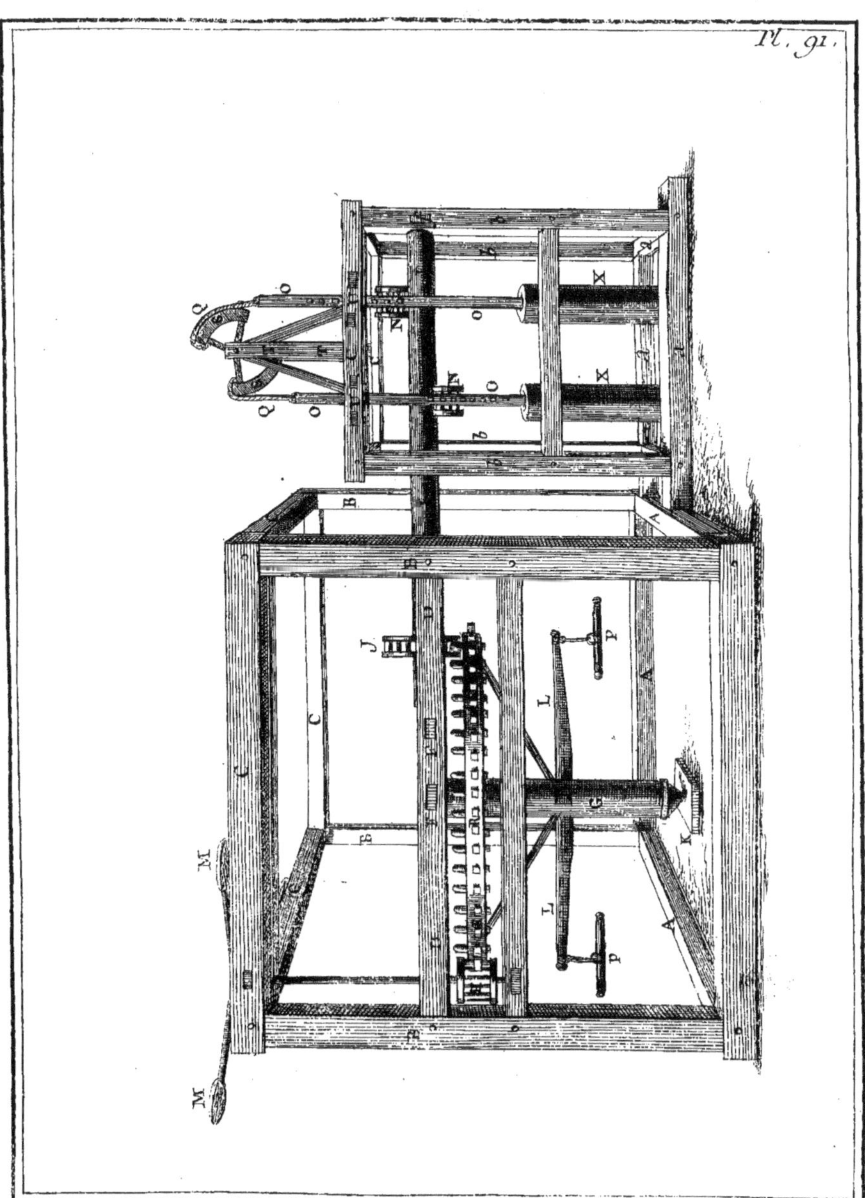

Pl. 91.

Pl. 92.

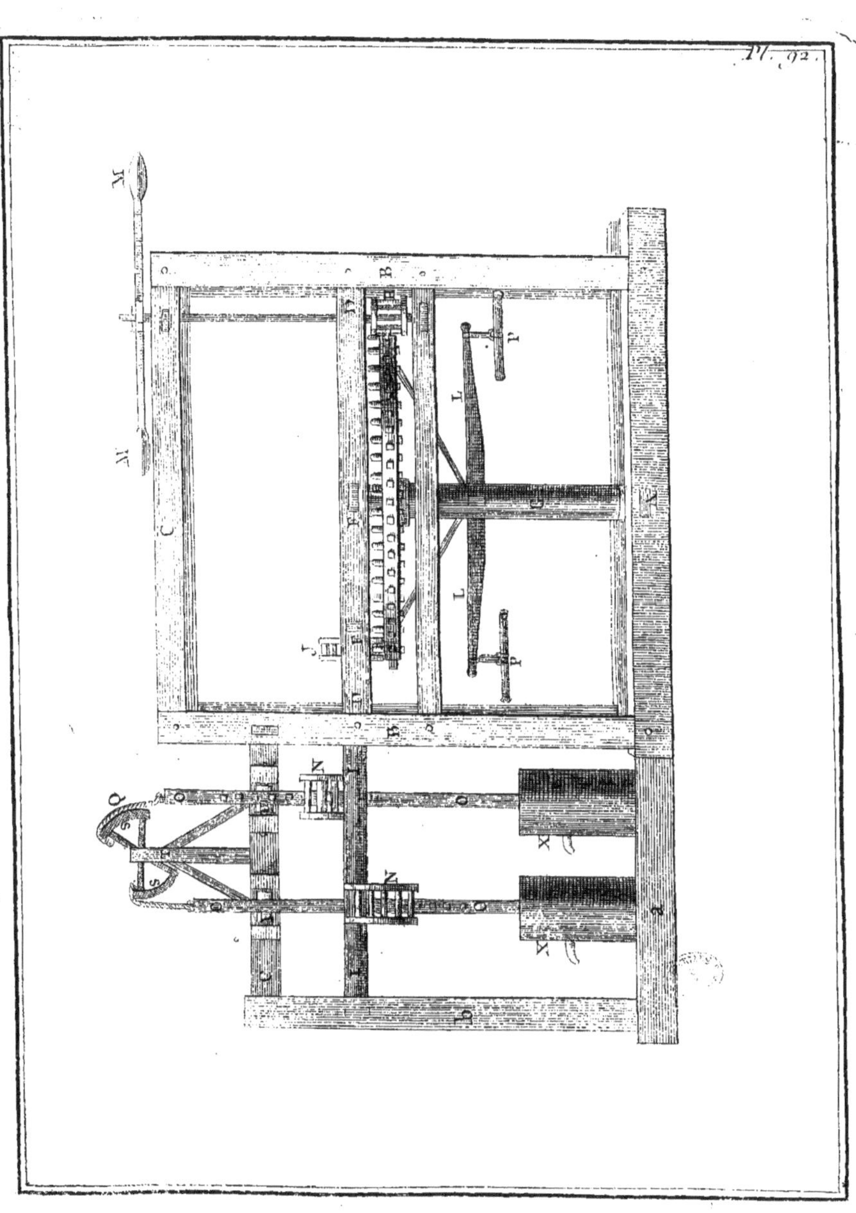

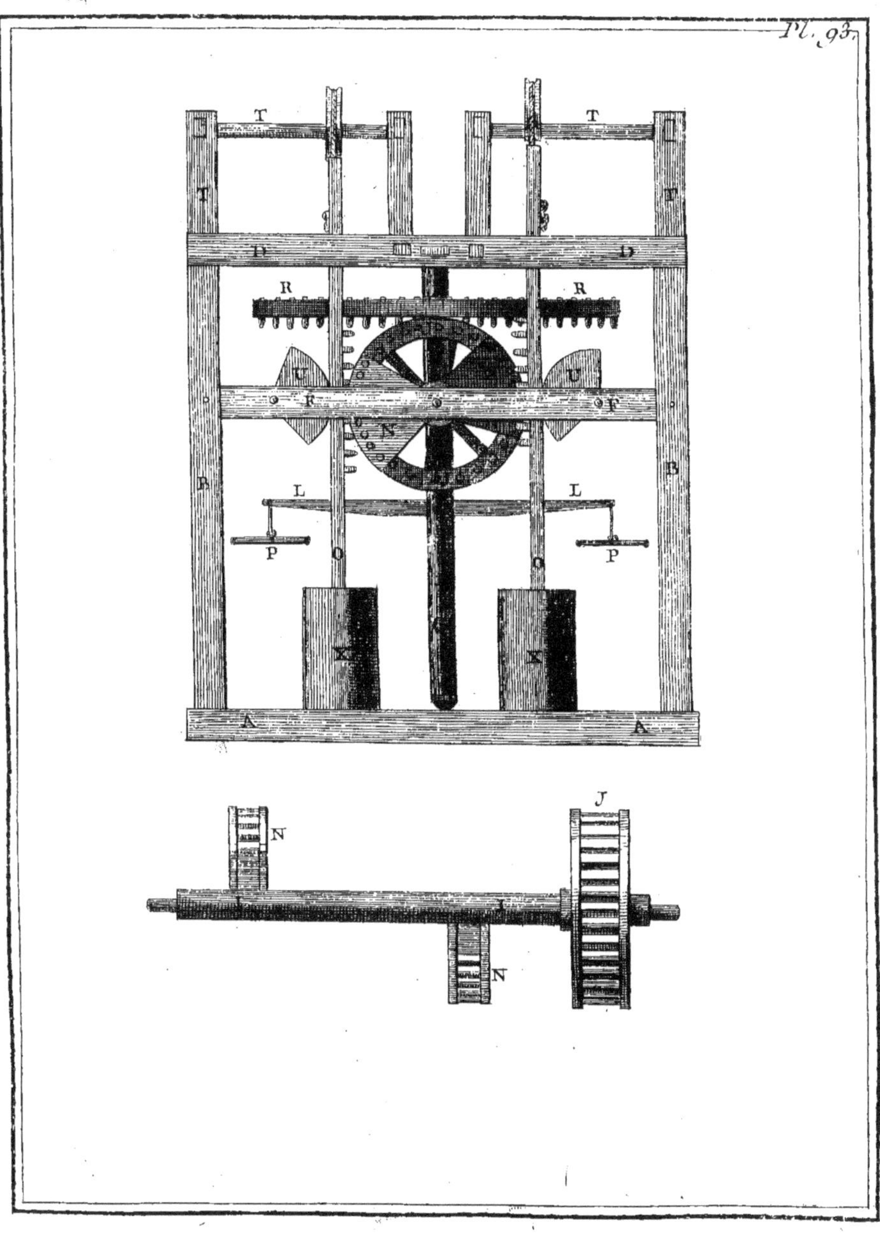
Pl. 93.
T
T
T
F
D
D
R
R
U
U
F
F
N
B
B
L
L
P
P
O
O
X
X
A
A
J
N
N

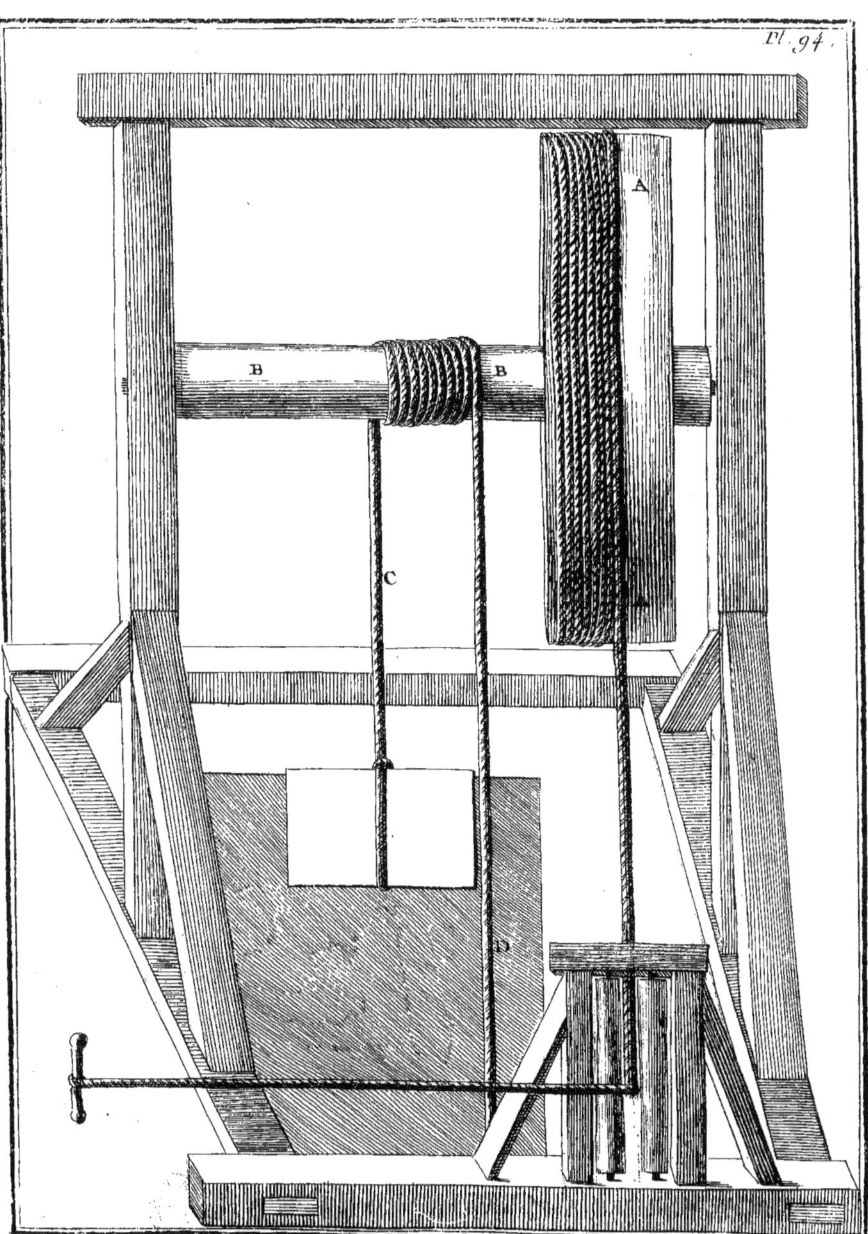

Pl. 94.
A
B
B
C
D

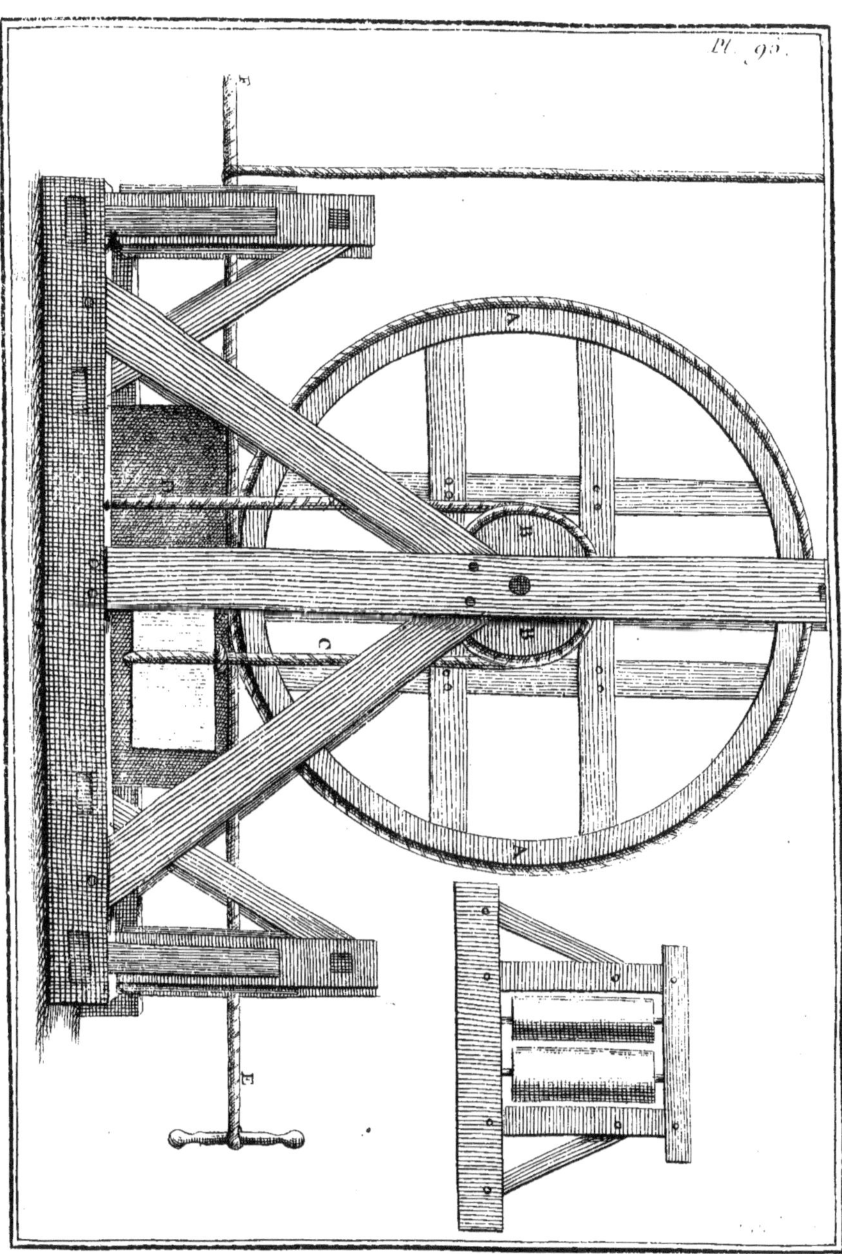
Pl. 95.

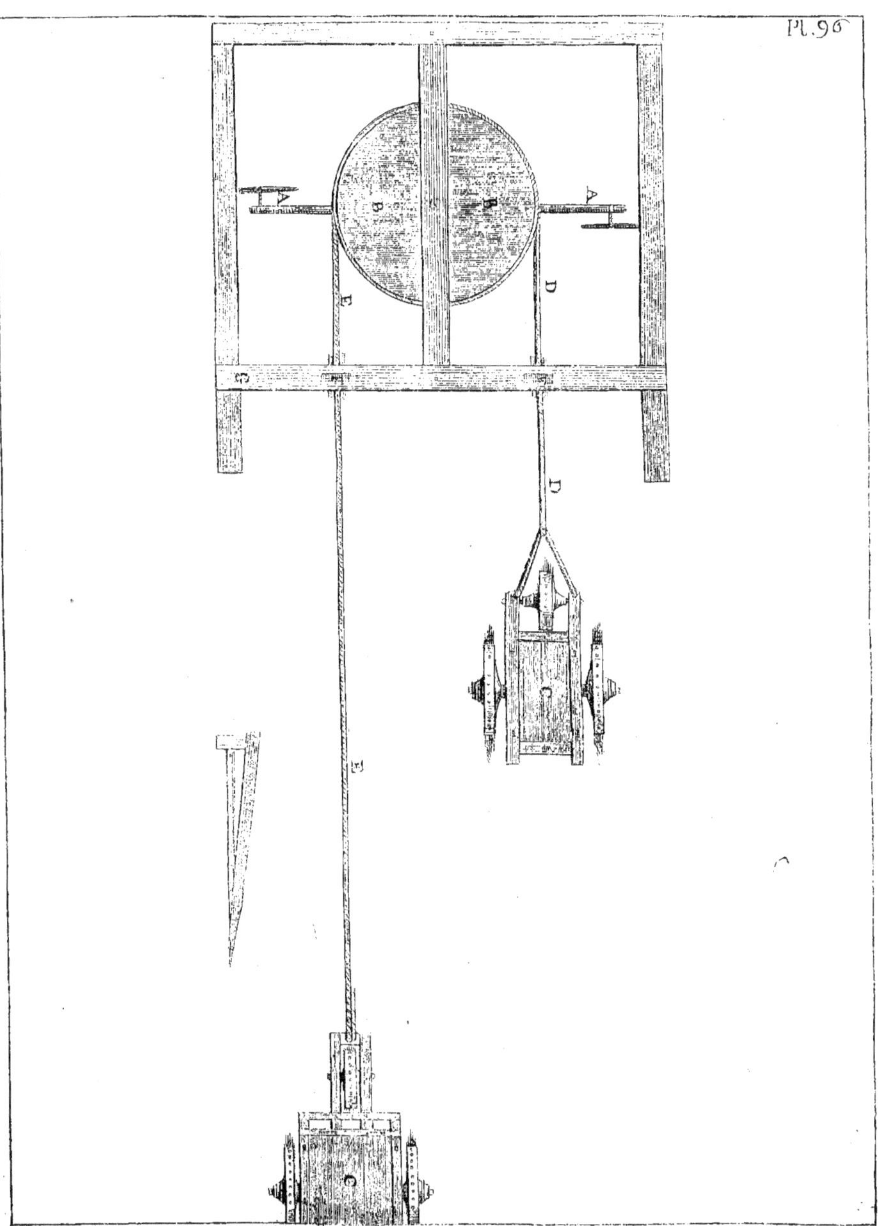
Pl. 96

Pl. 97.

Pl. 98.
A
A
B
C
C
D
D
E
E
E
F
F
G

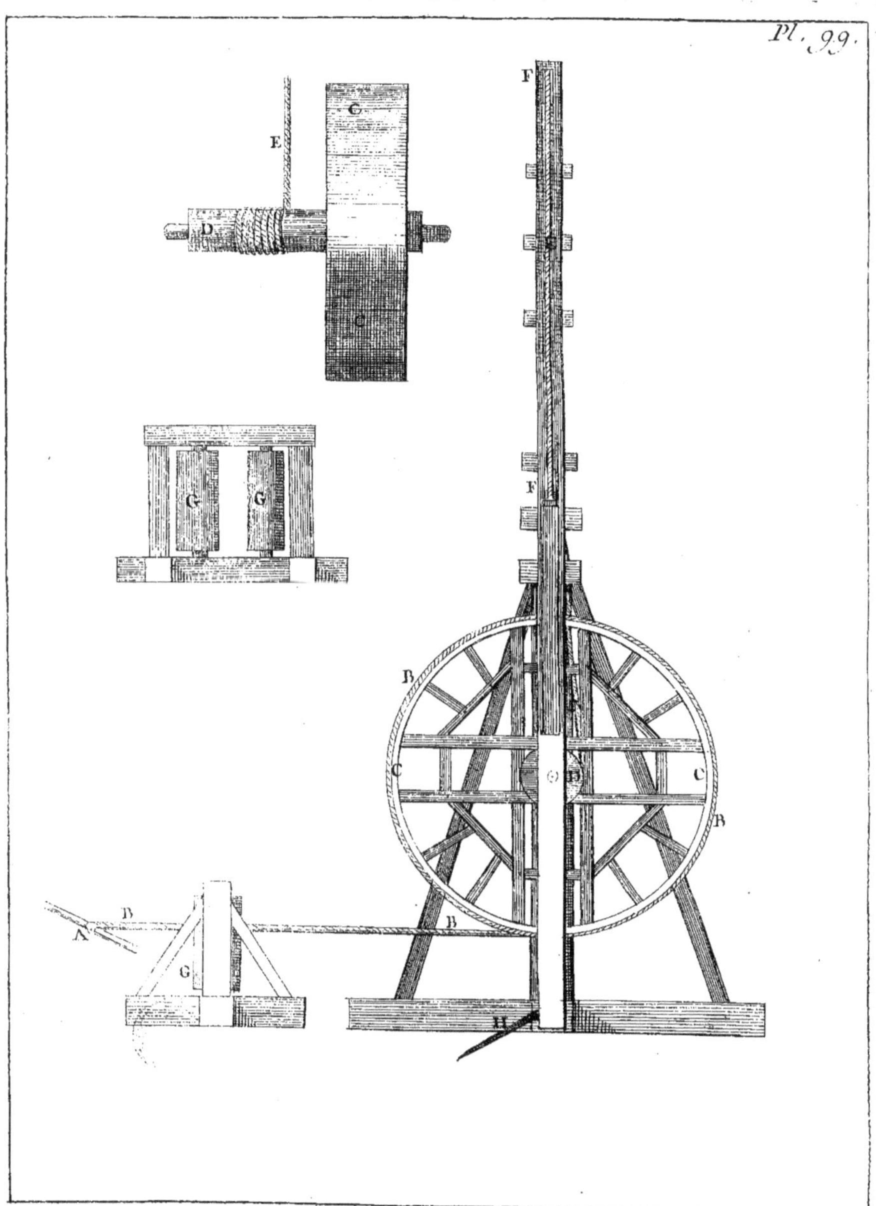
Pl. 99.
F
C
E
D
C
G G
F
B
C
C
B
B
A
B
G
H

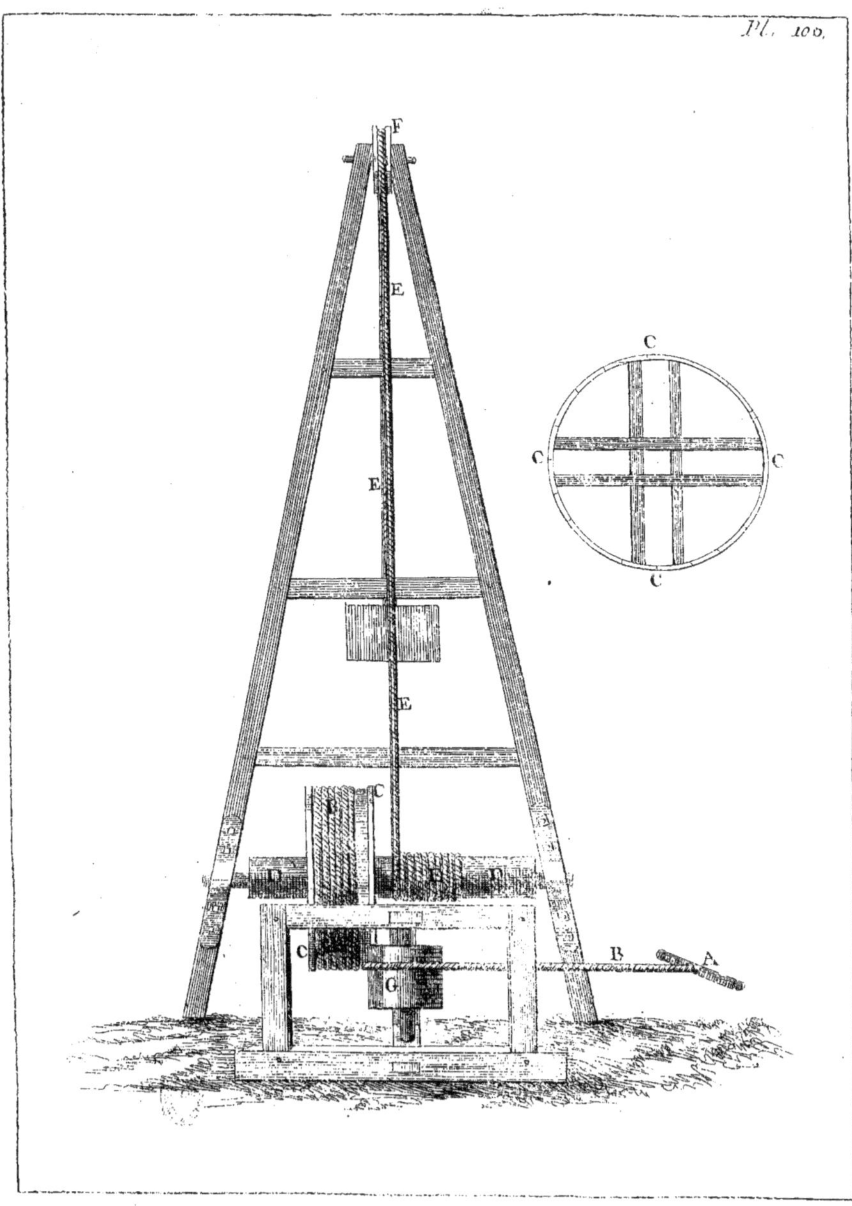
Pl. 100.
F
E
E
E
C
C
C
C
C
D
D
D
C
B
A
G

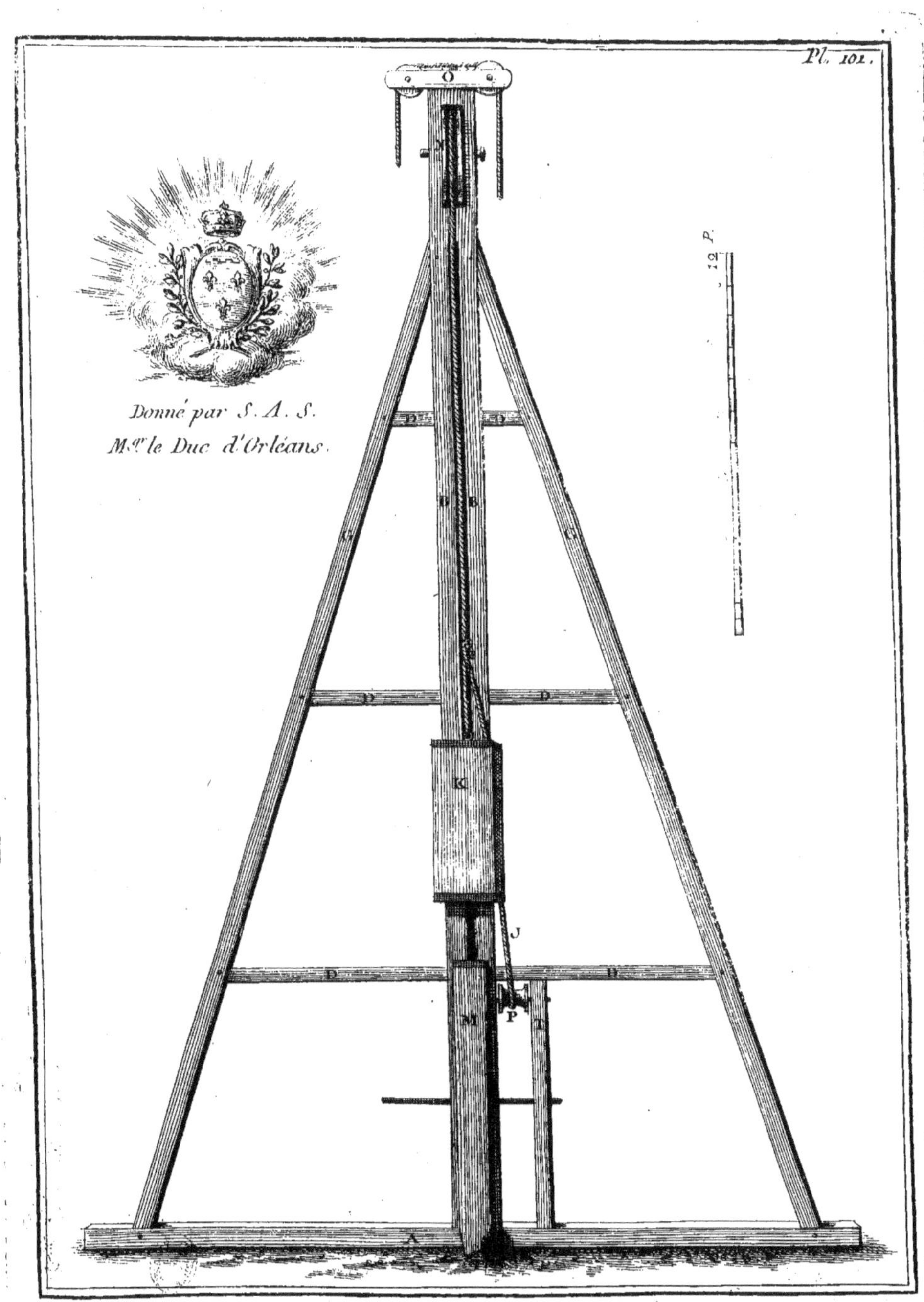
Donné par S. A. S.
Mgr le Duc d'Orléans.
O
D
D
B
B
C
C
D
D
K
J
D
D
M
P
L
A
12 P.

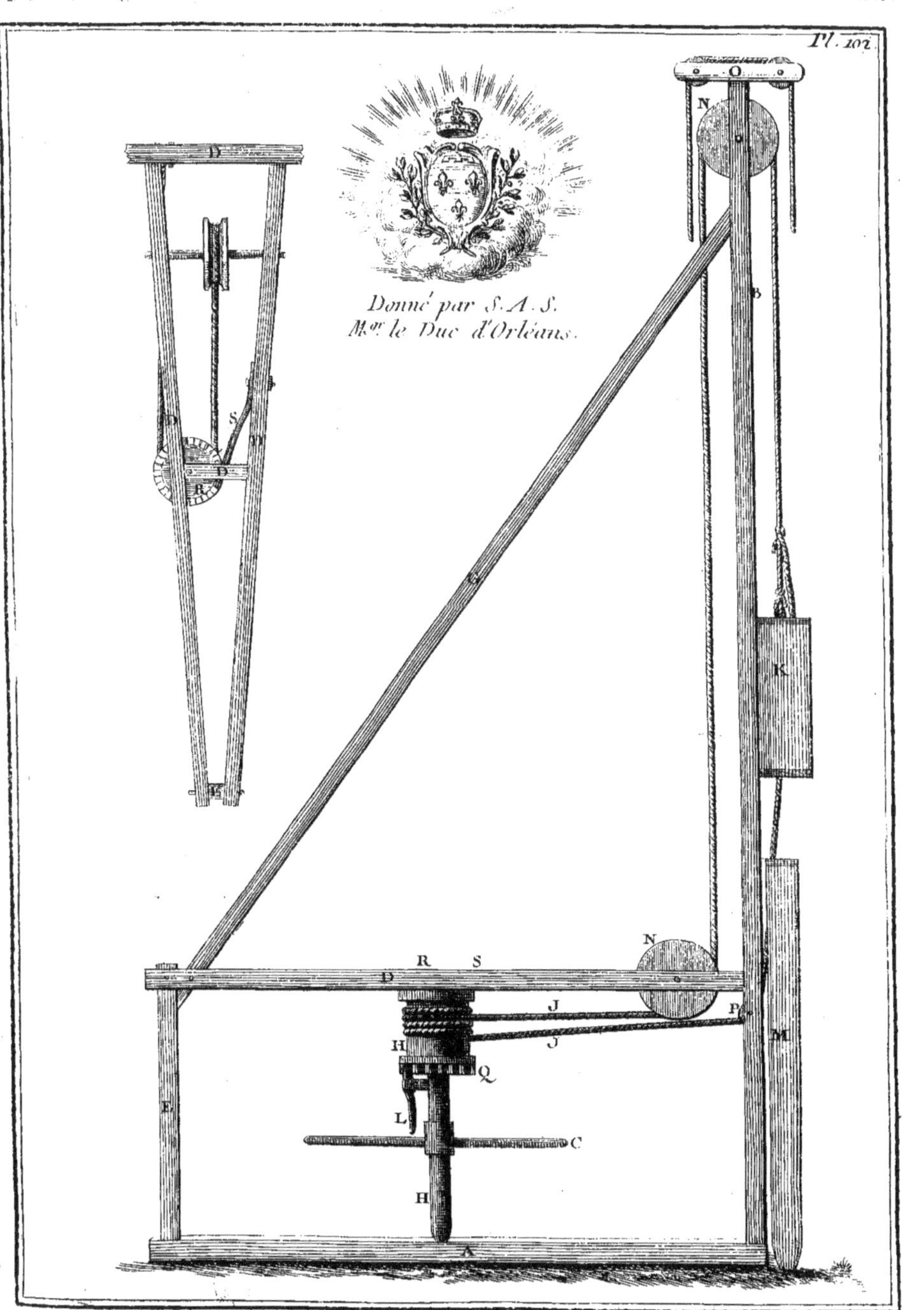
Pl. 102
Donné par S.A.S.
Mgr. le Duc d'Orléans.
D
S
D
R
E
O
N
B
G
K
N
R
S
D
J
J
P
H
Q
L
C
H
M
A

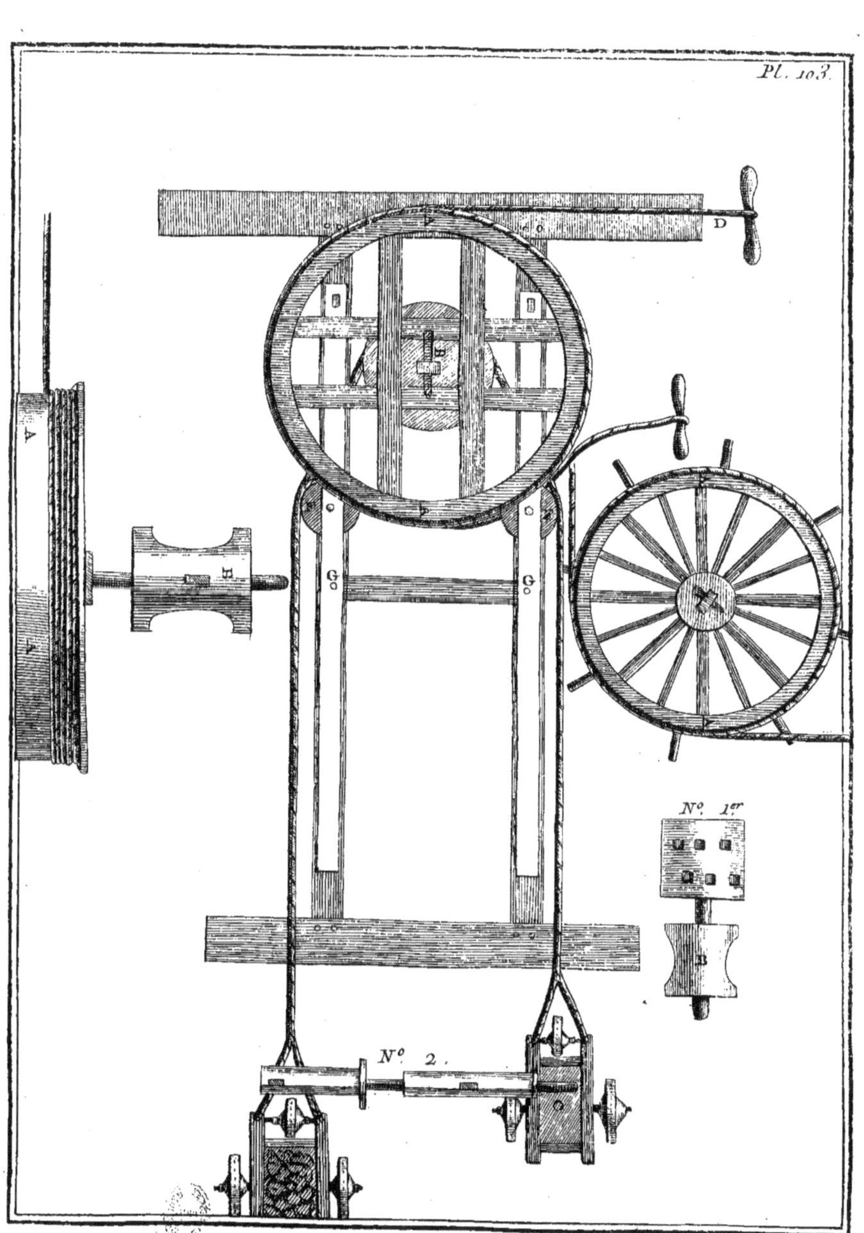
D
A
B
G
G
N° 1er
B
N° 2.

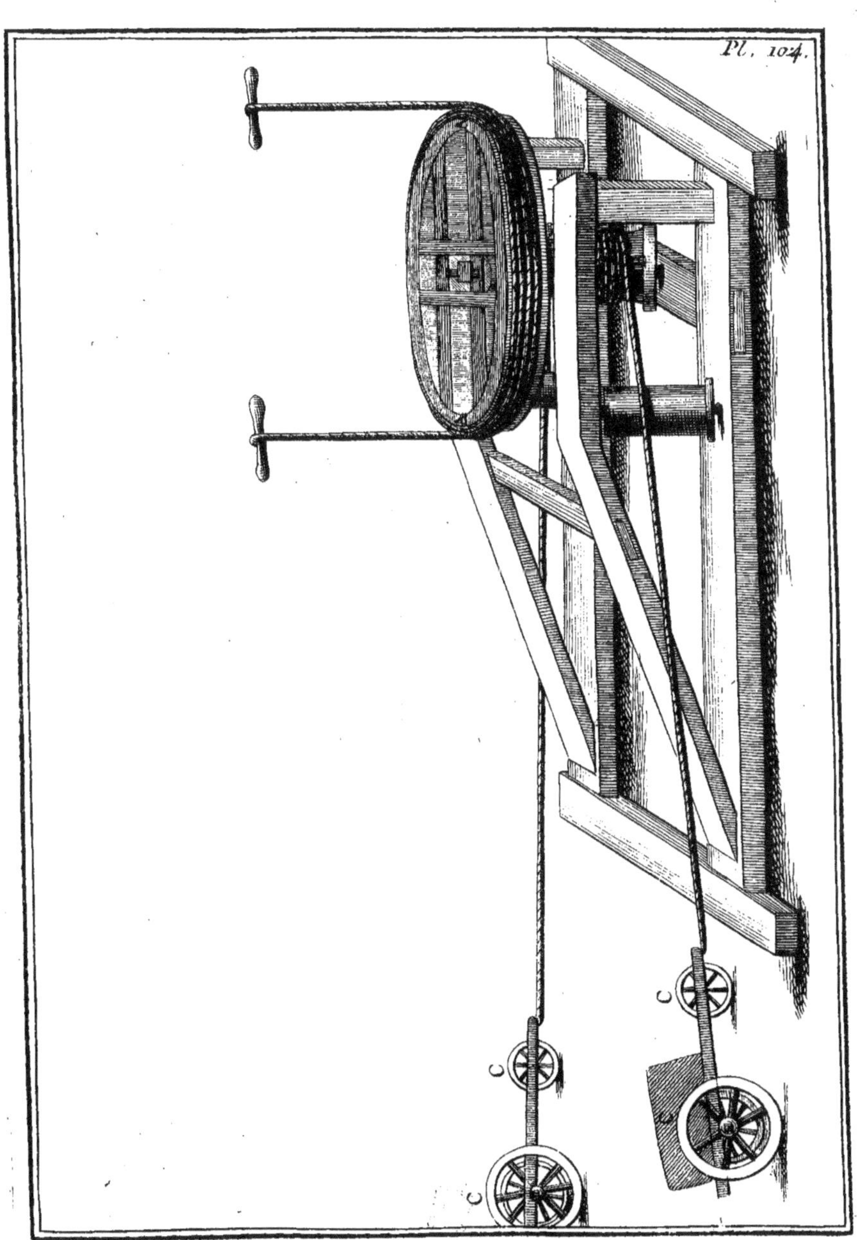
Pl. 104.
C
C
C
C

Pl. 105.
C
D
D
A
A
B
E
E

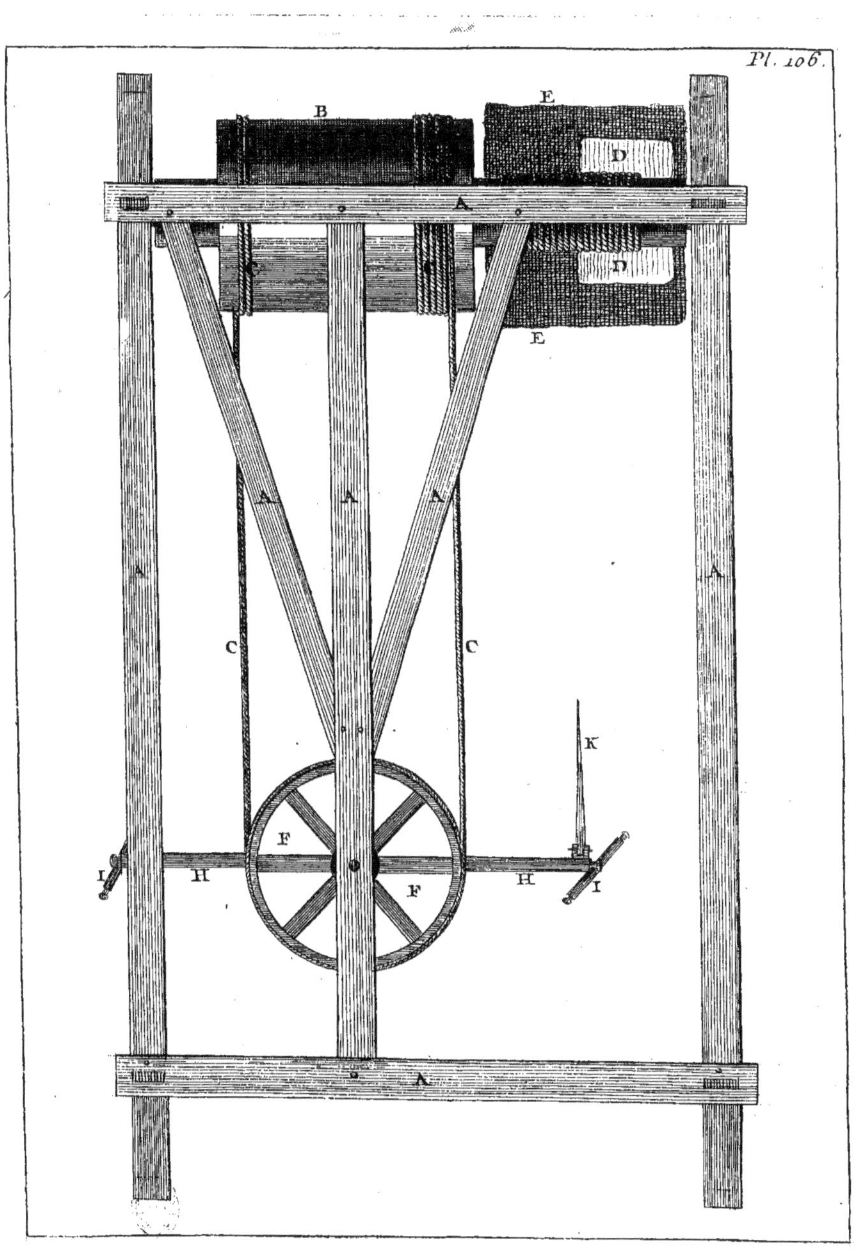
Pl. 106.
B
E
D
A
C
D
E
A
A
A
A
A
C
C
K
F
I
H
H
I
F
A

Pl. 107.

Pl. 108.

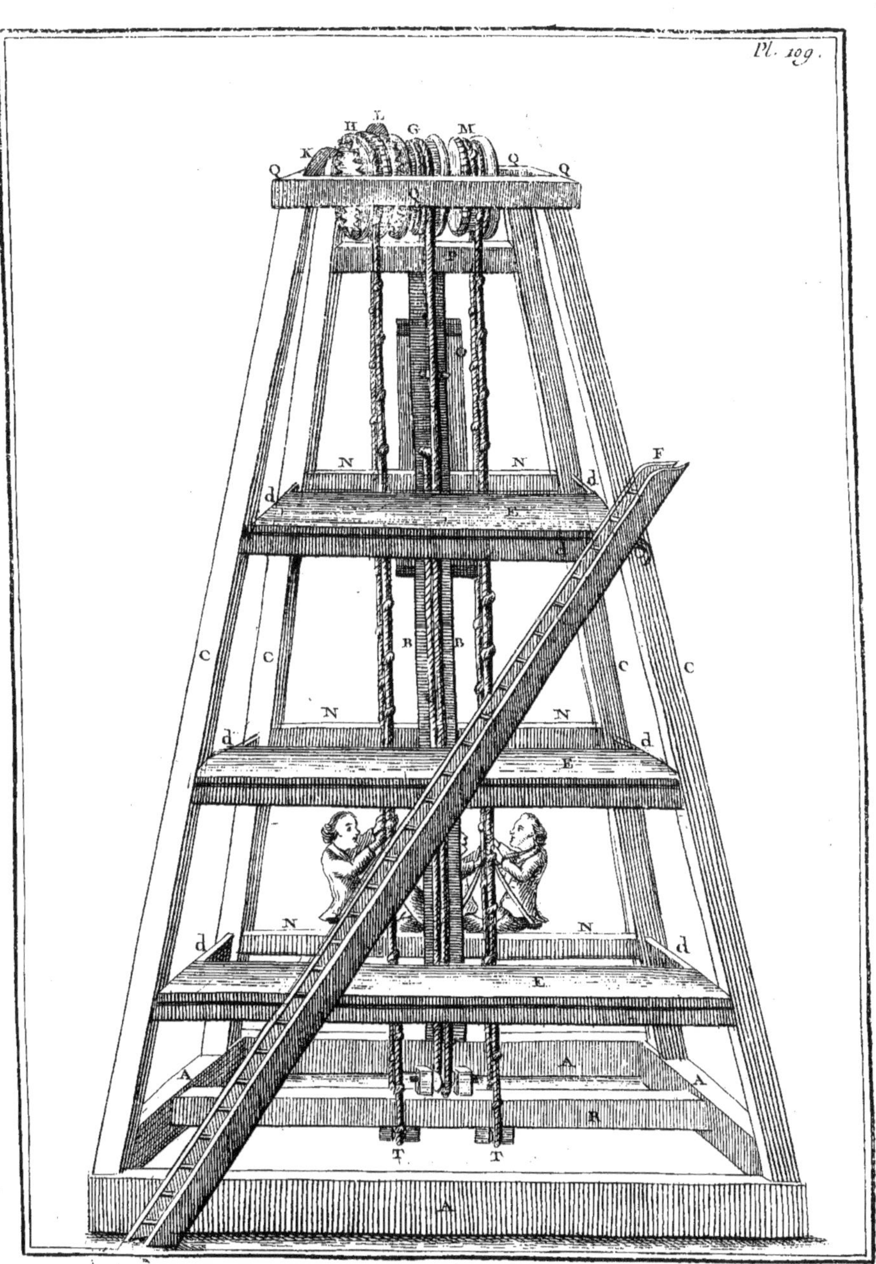
Pl. 109.
H
L
G
M
K
Q
Q
Q
Q
F
N
N
d
d
E
B
B
C
C
C
C
N
N
d
d
E
N
N
d
d
E
A
A
A
R
T
T
A

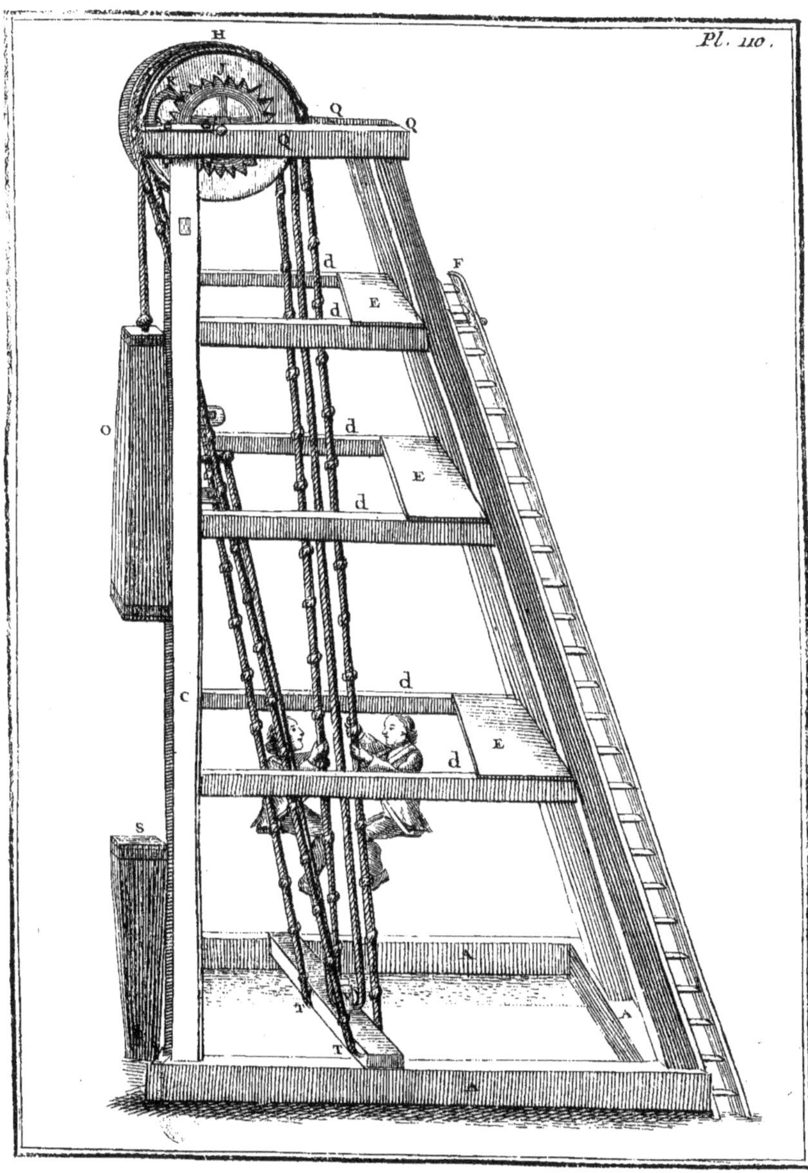
Pl. 110.
H
Q
Q
Q
d
d
E
F
O
d
E
d
C
d
E
d
S
A
A
T
T
A

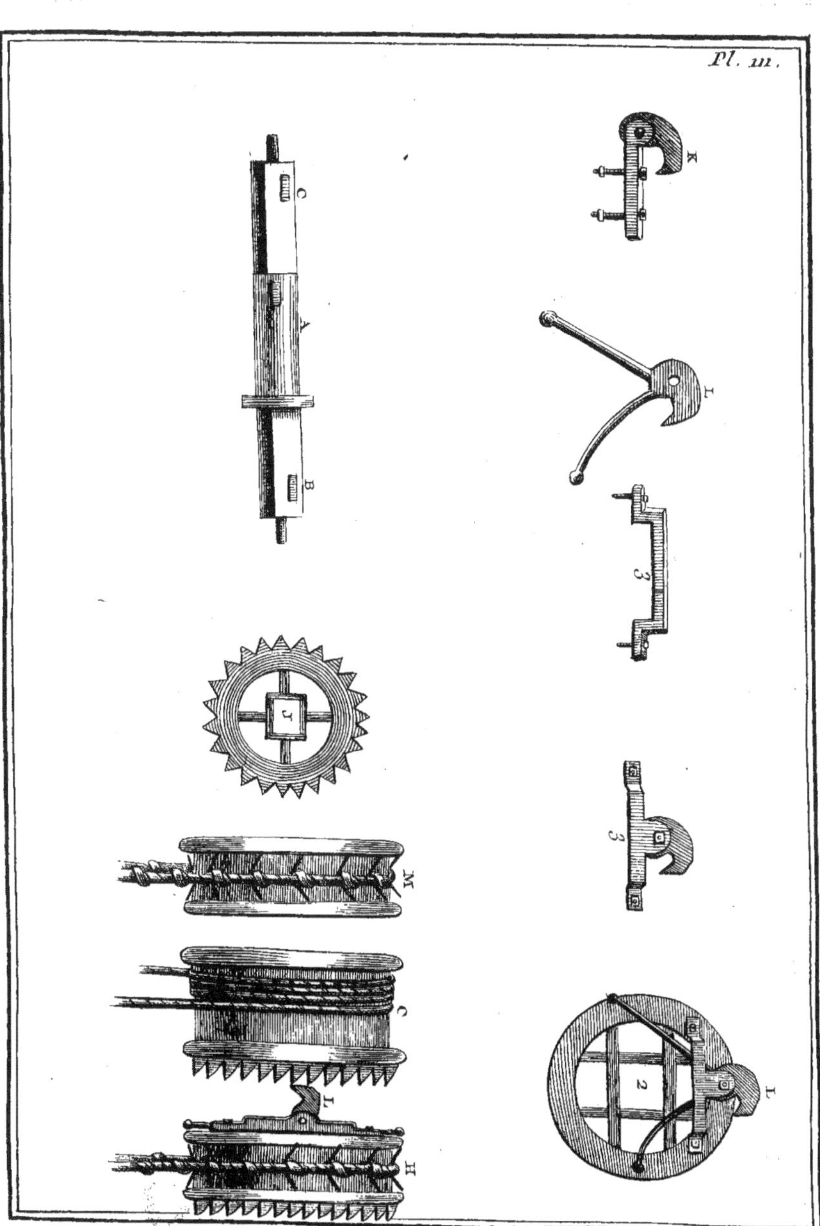
Pl. III.

Pl. 112.

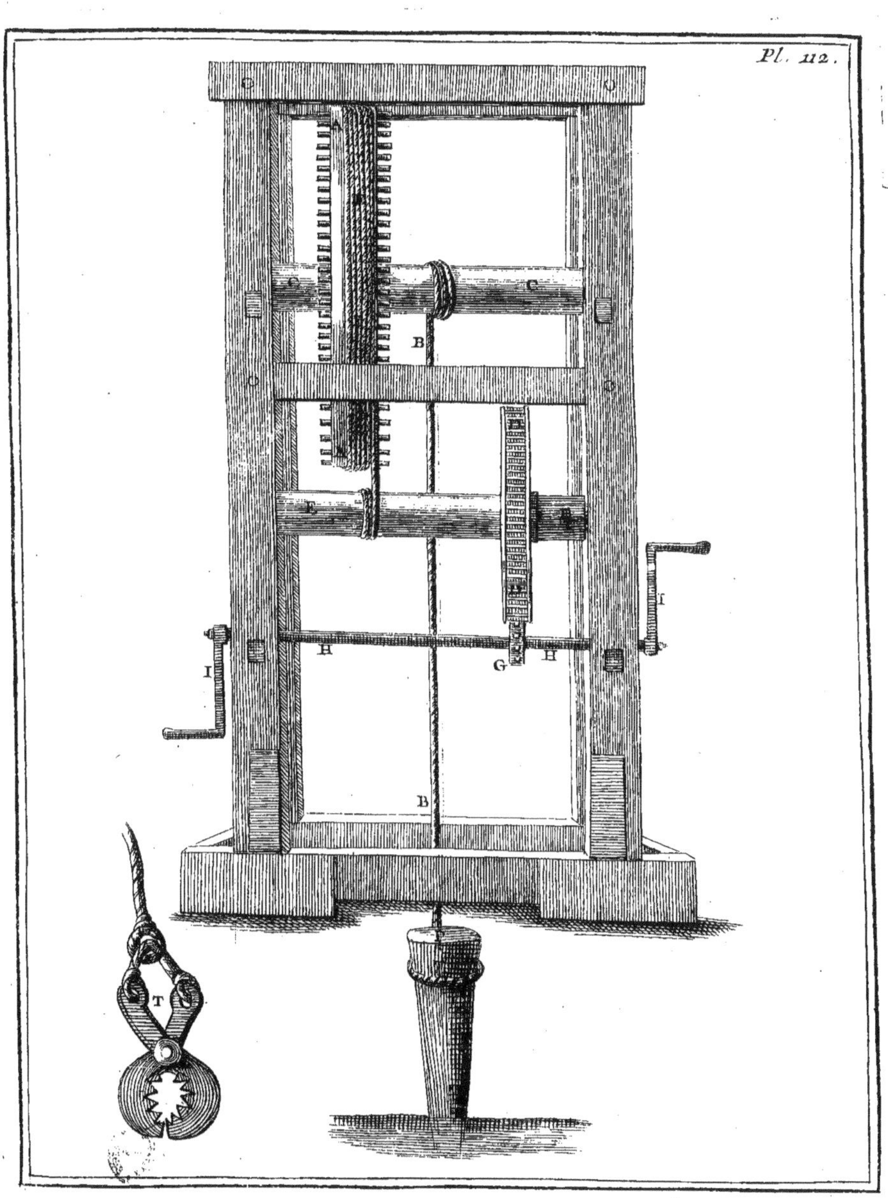

Pl. 113.

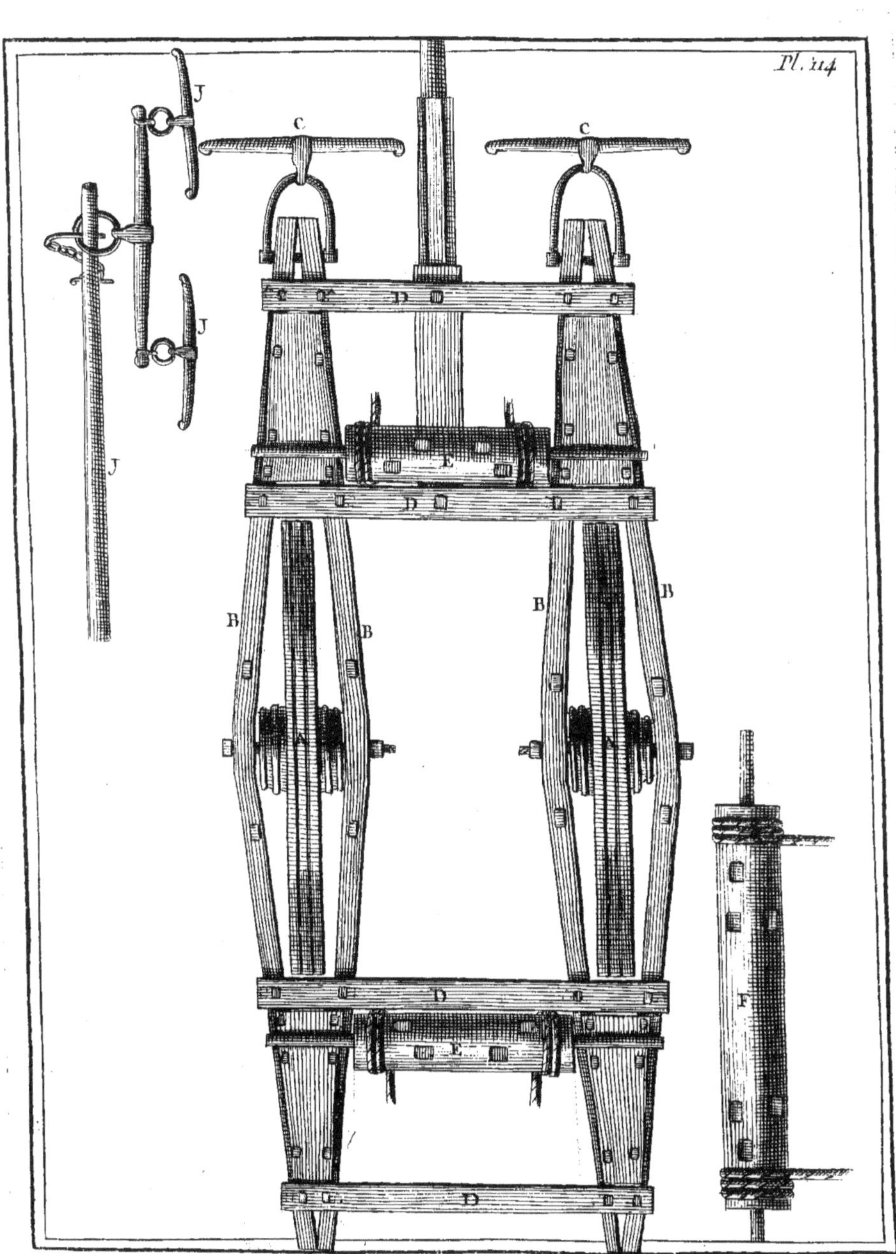
Pl. 114
J
J
J
C
C
D
E
D
B
B
B
B
A
A
D
E
F
D

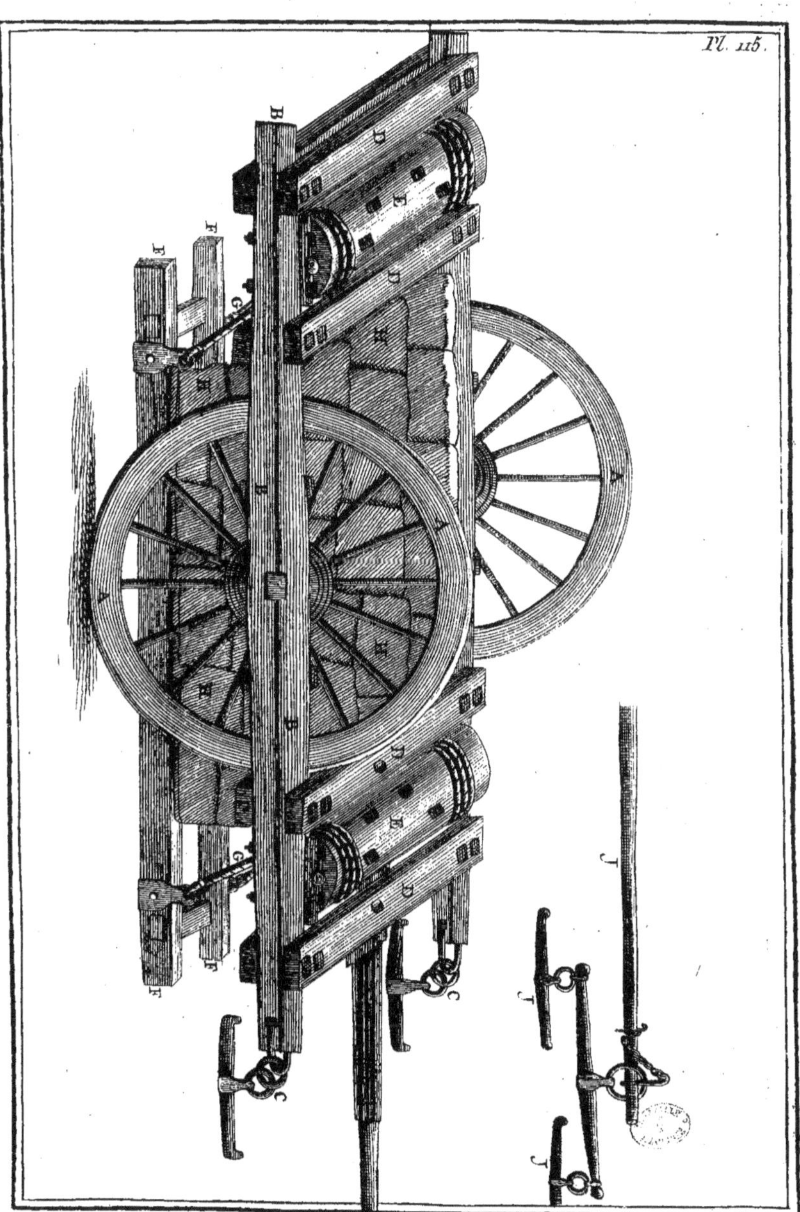
Pl. 115.

Pl. 116.

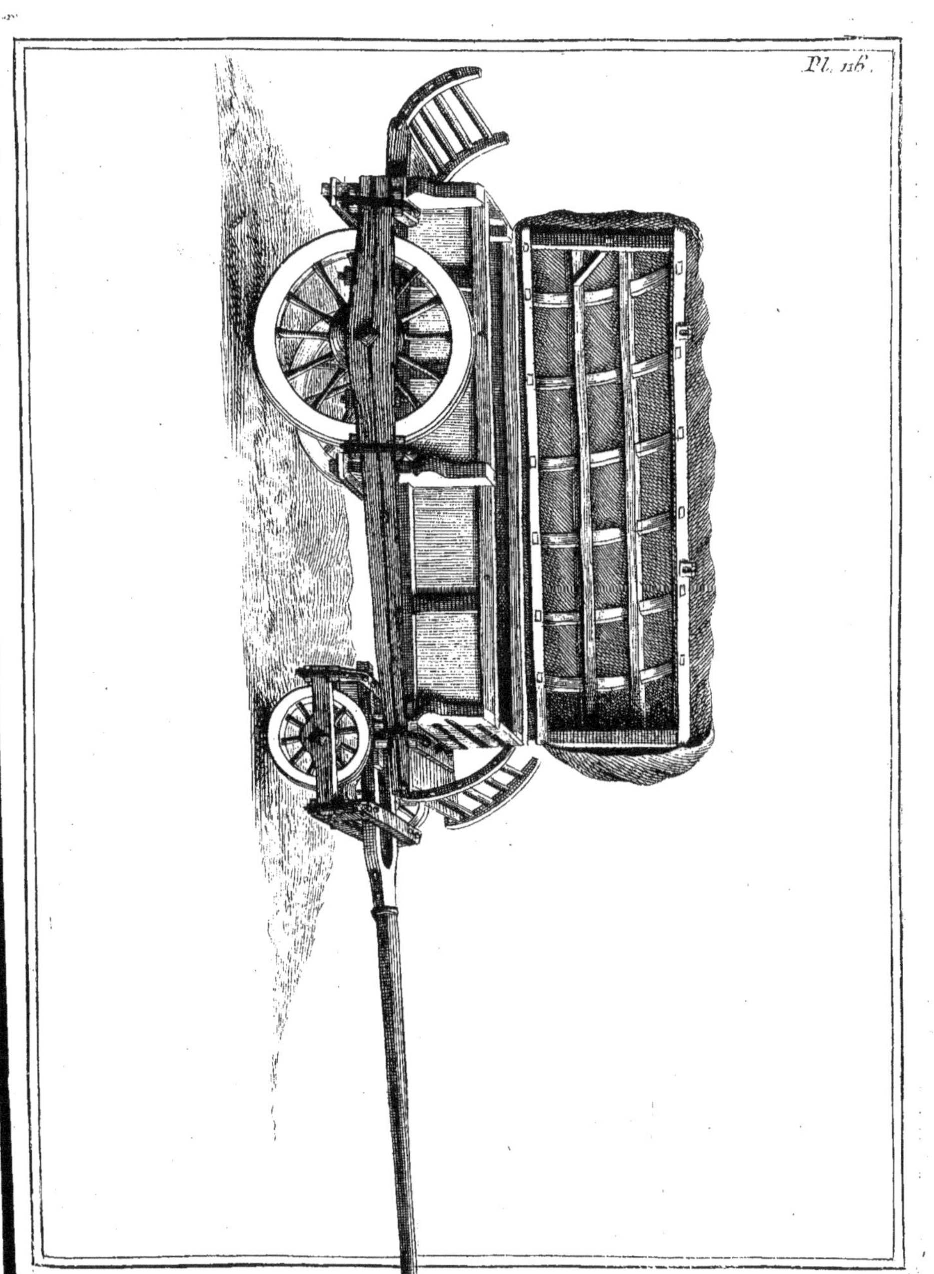

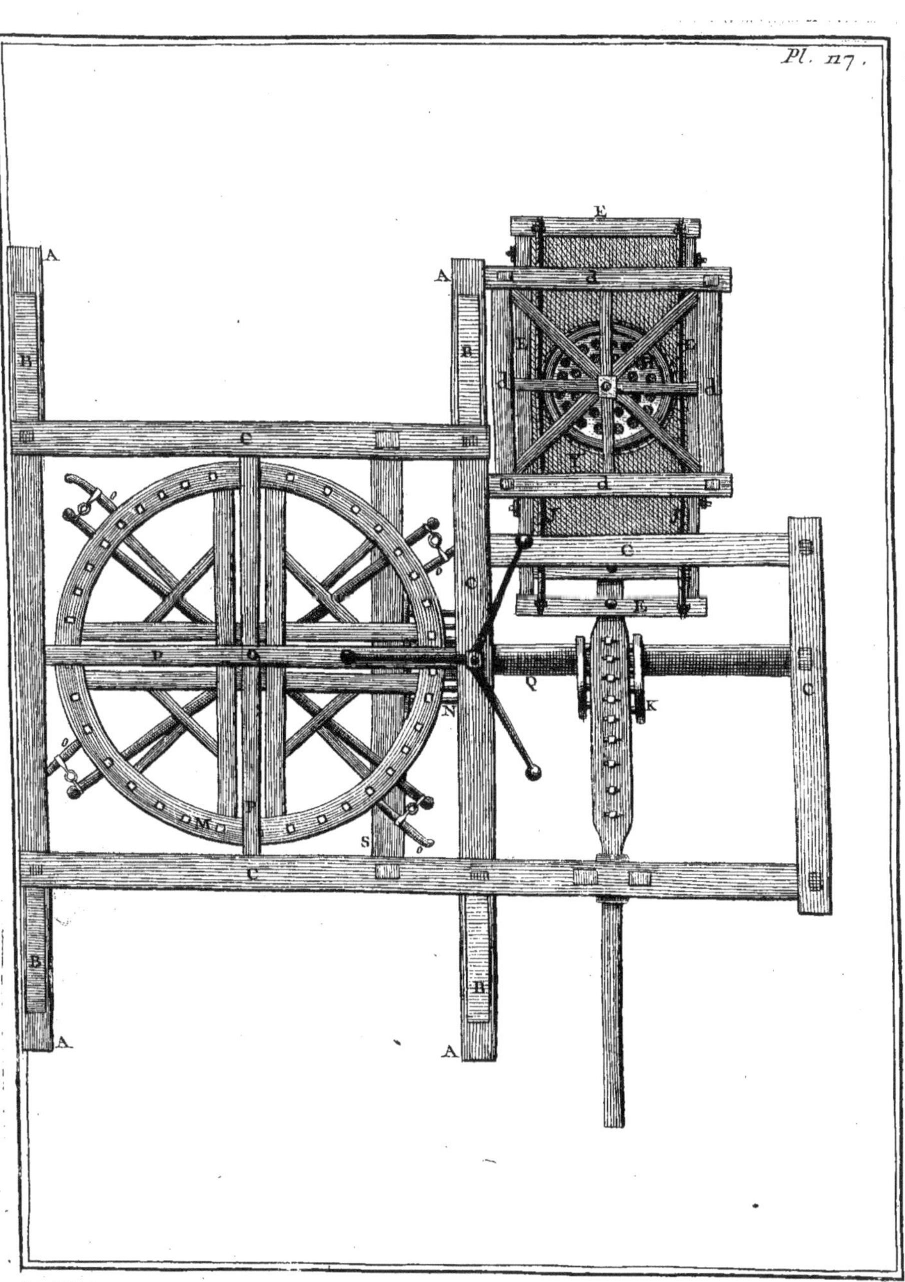

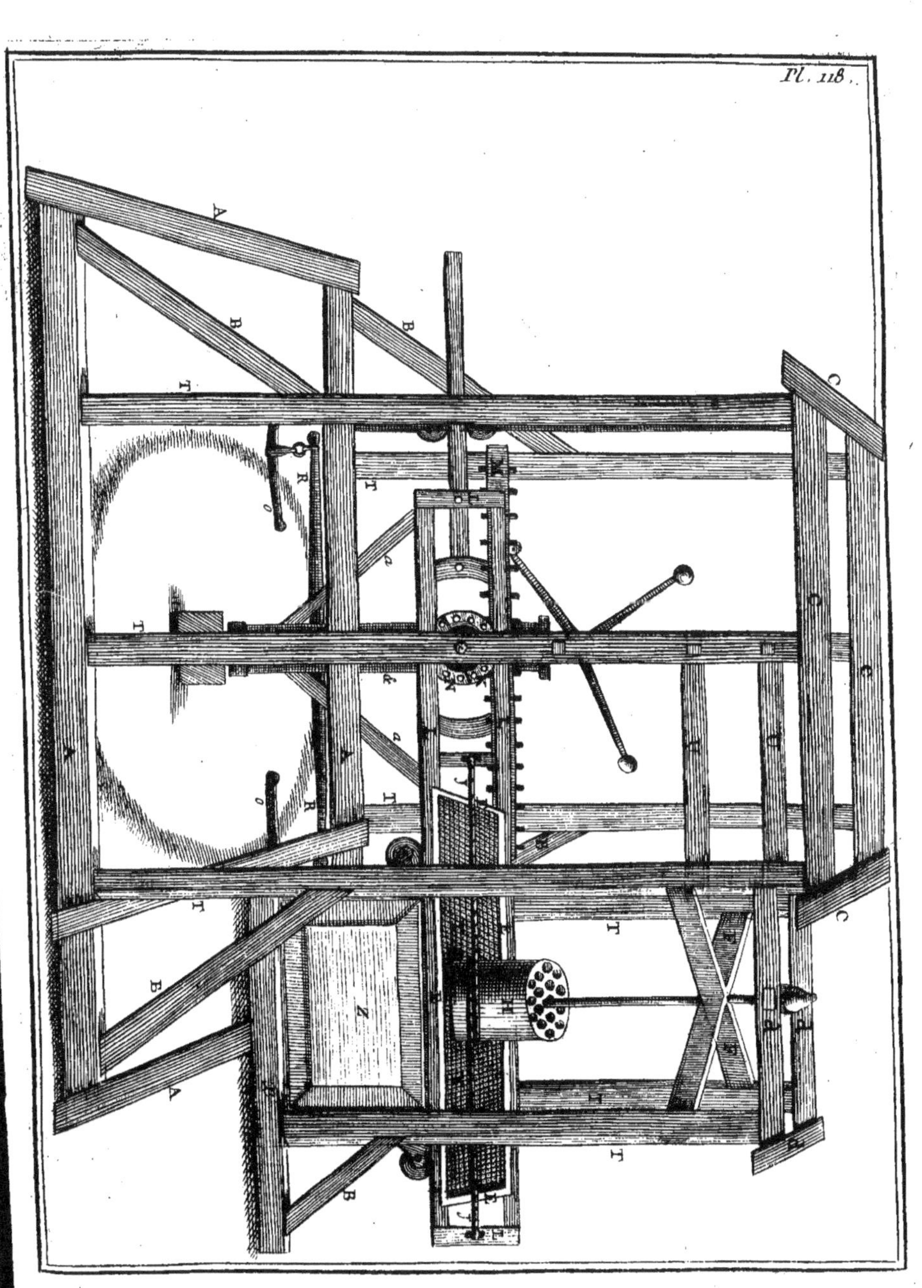
Pl. 118.

Pl. 119.

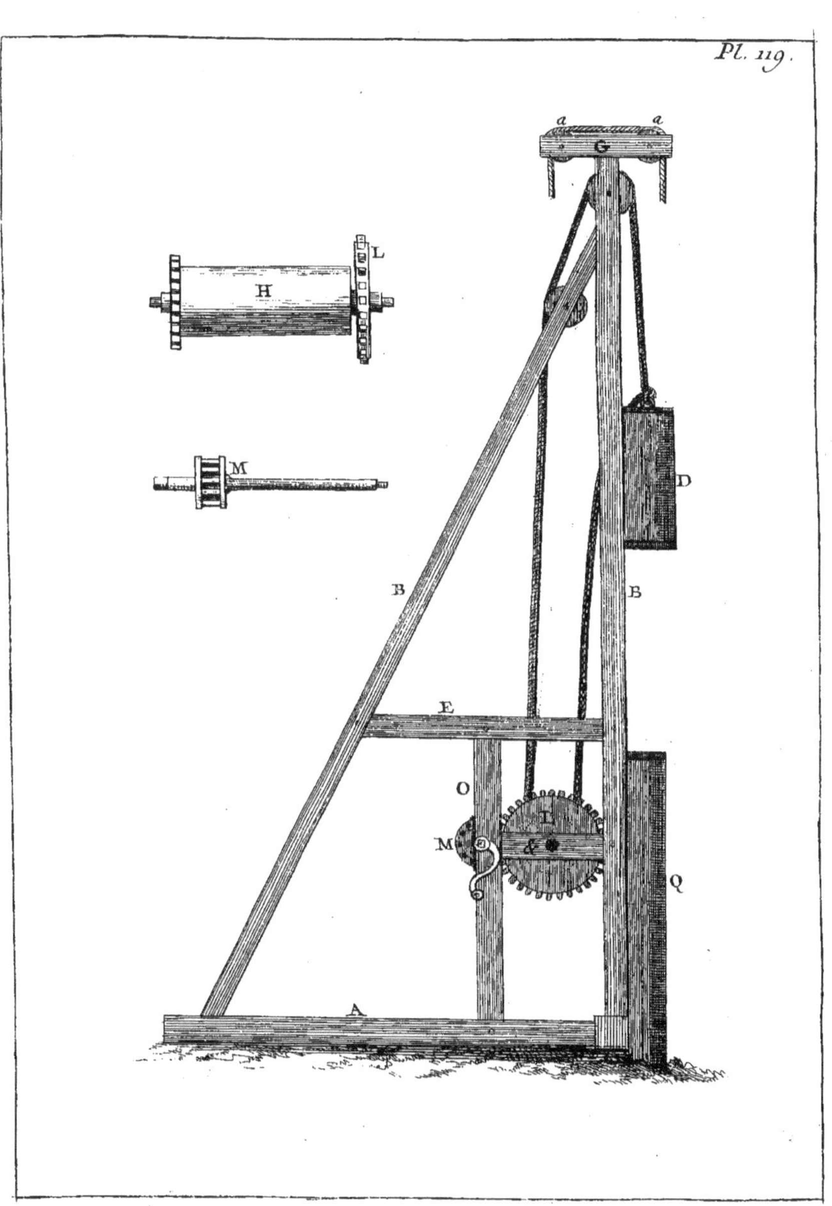

Pl. 120.

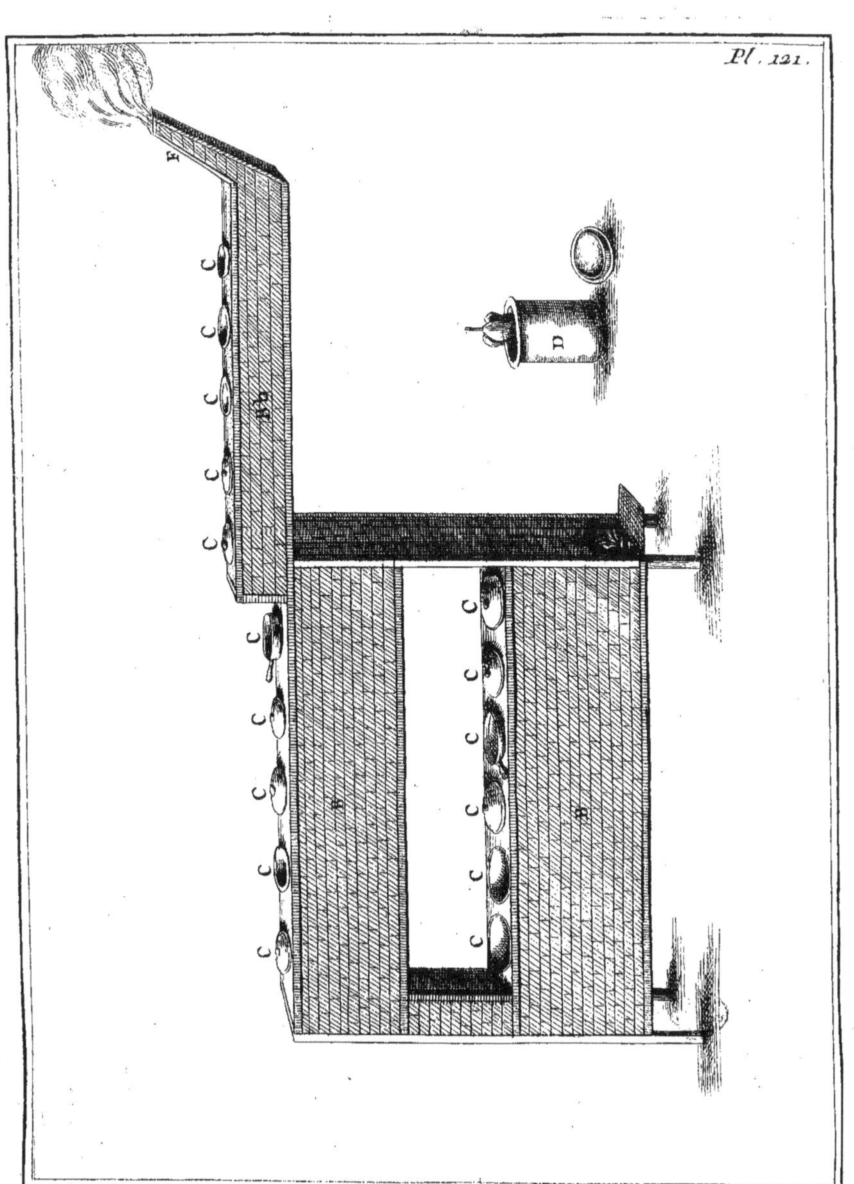
Pl. 121.

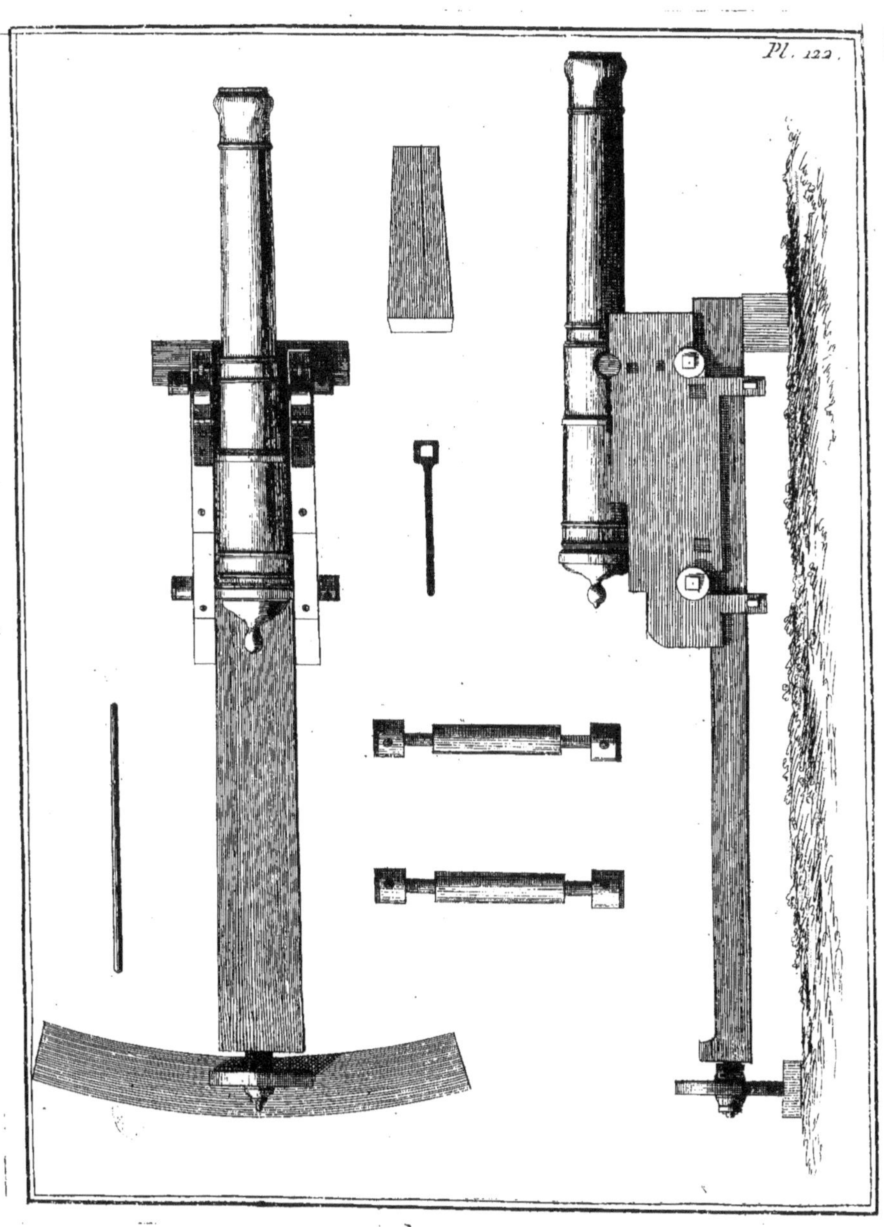
Pl. 122.

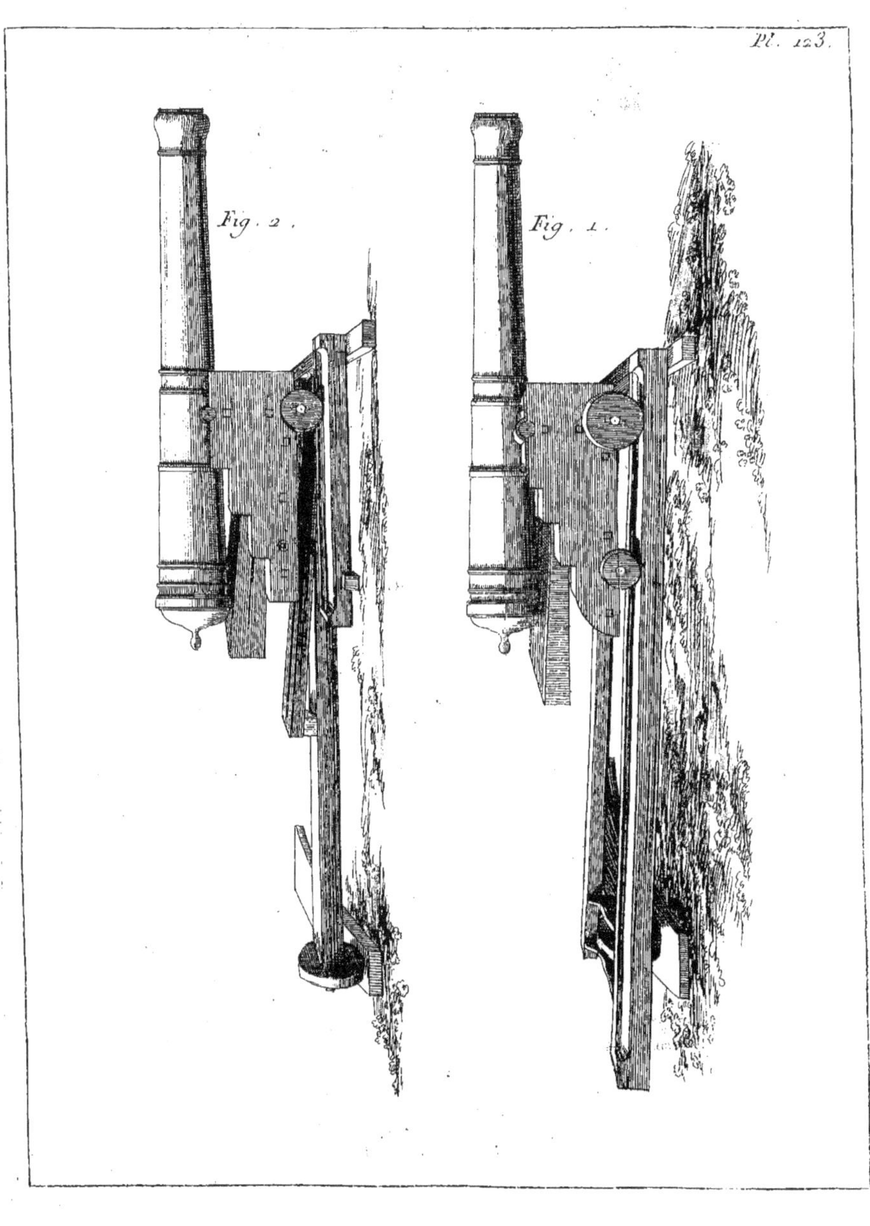
Pl. 123.
Fig. 2.
Fig. 1.

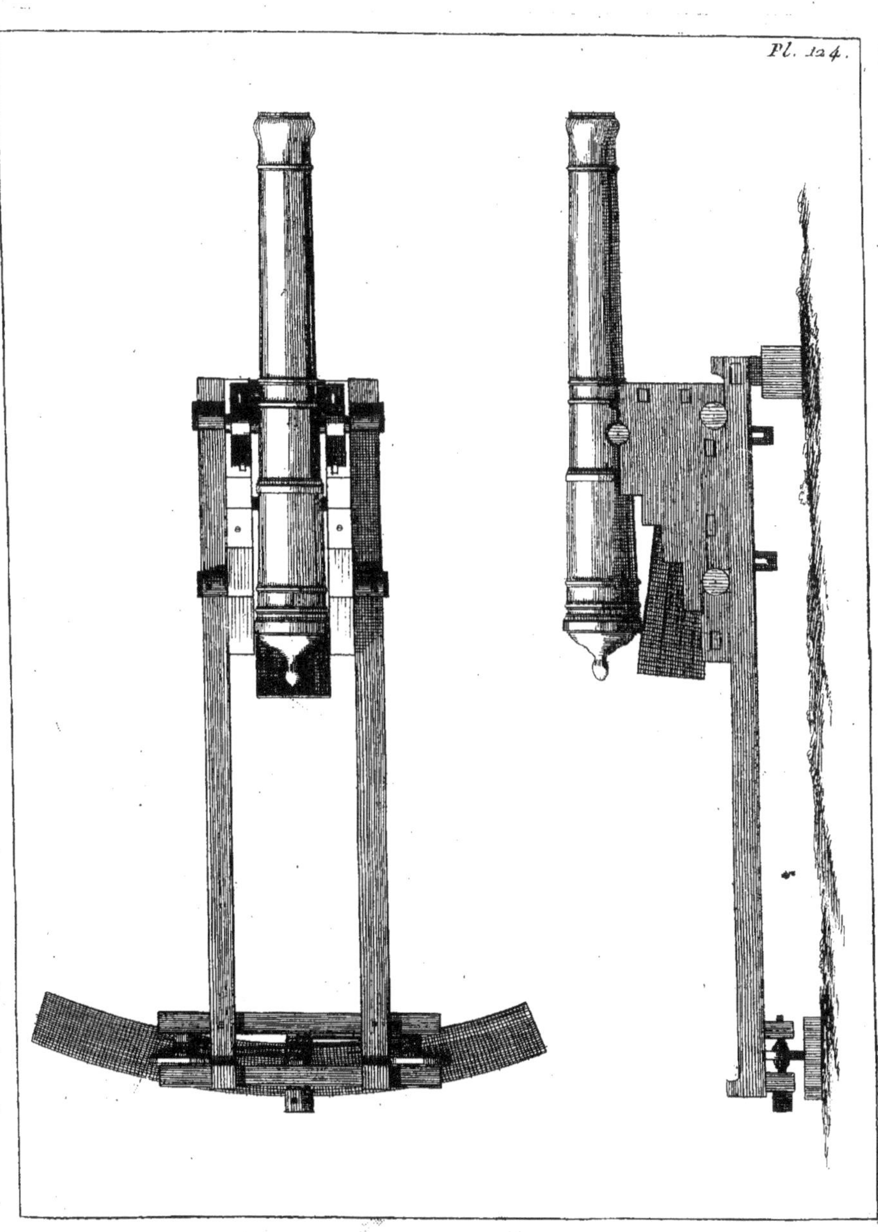

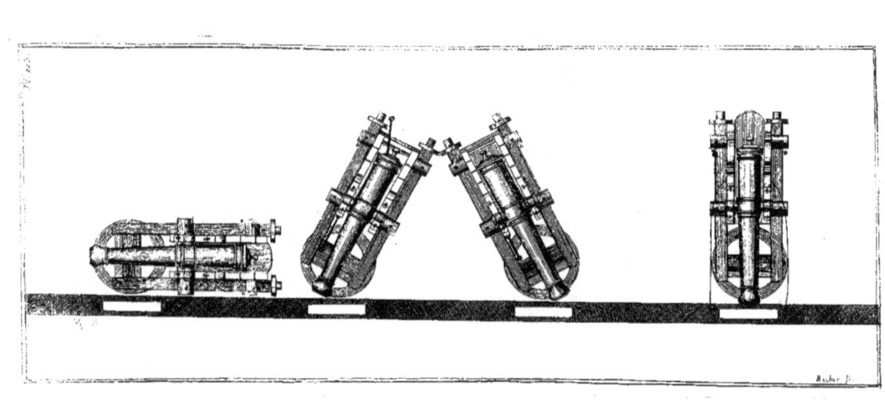

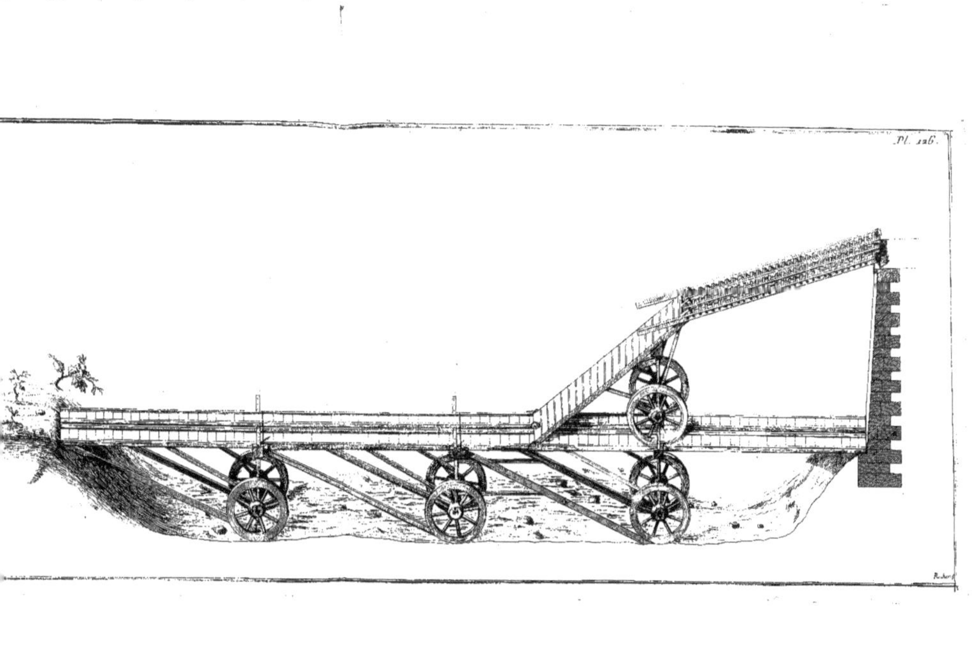
Pl. 126.

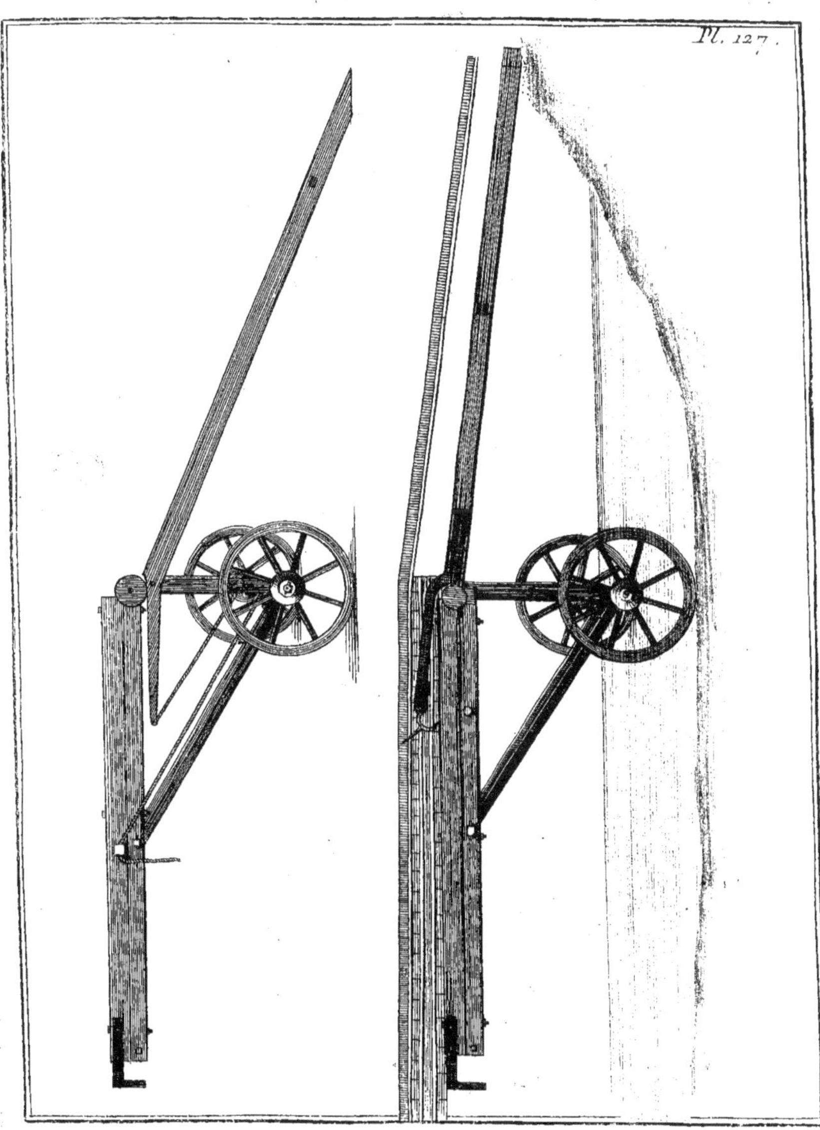

Pl. 128.

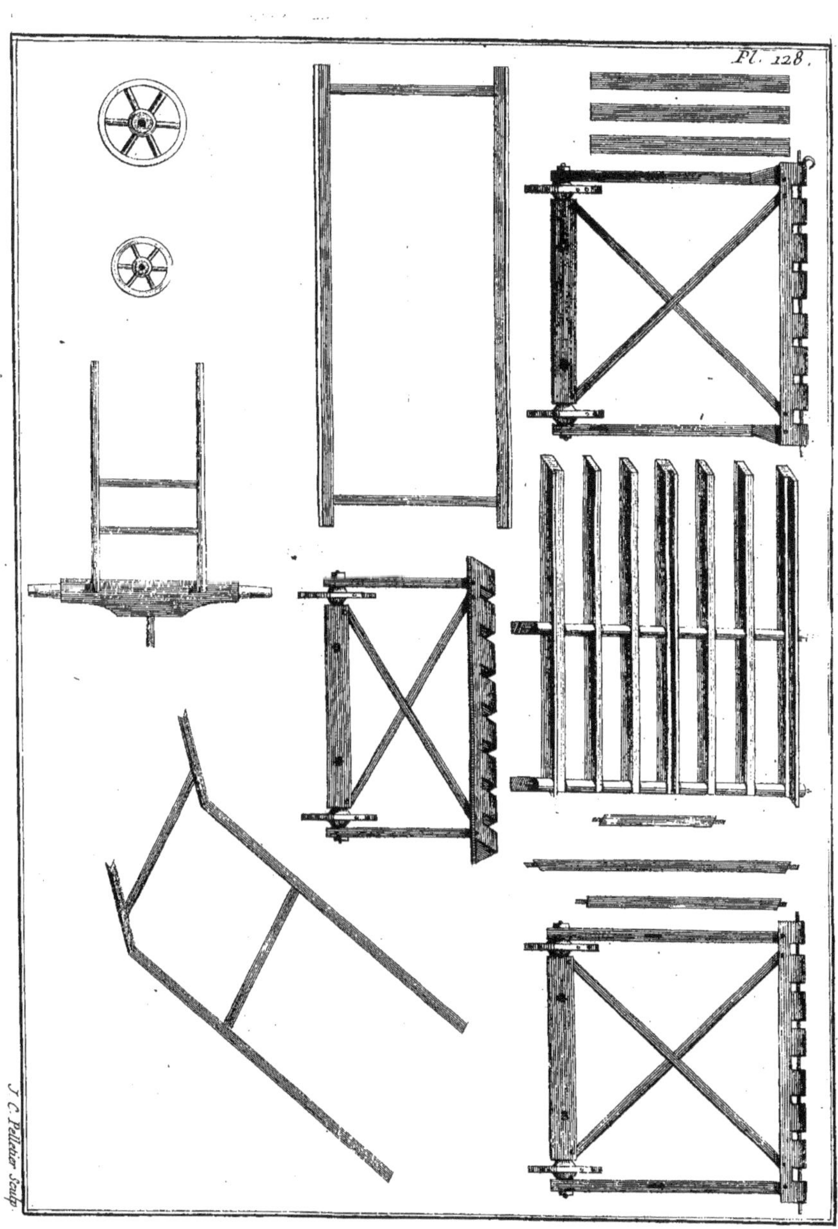

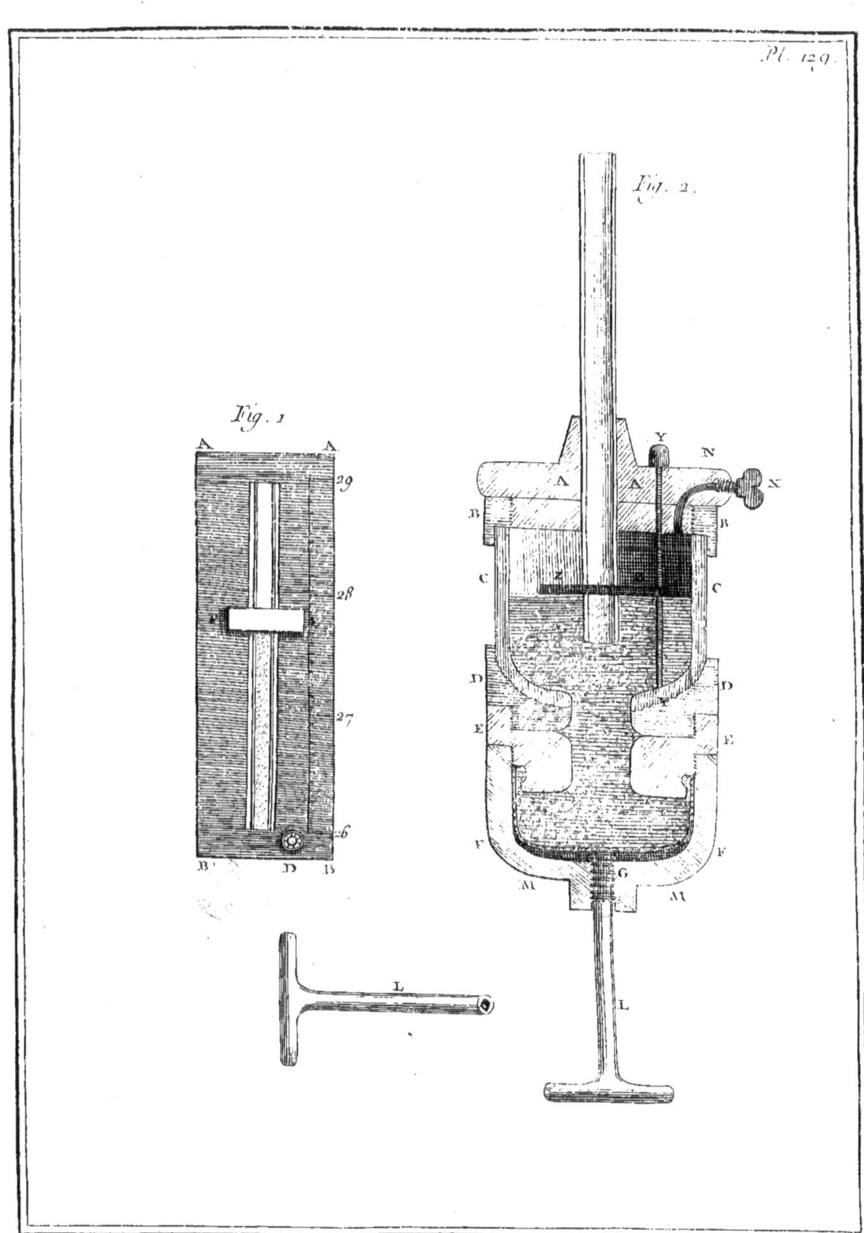
Fig. 1
A
A
29
28
27
26
B
D
B
Fig. 2.
Y
N
A
A
X
B
B
C
Z
C
D
D
E
E
F
F
G
M
M
L
L

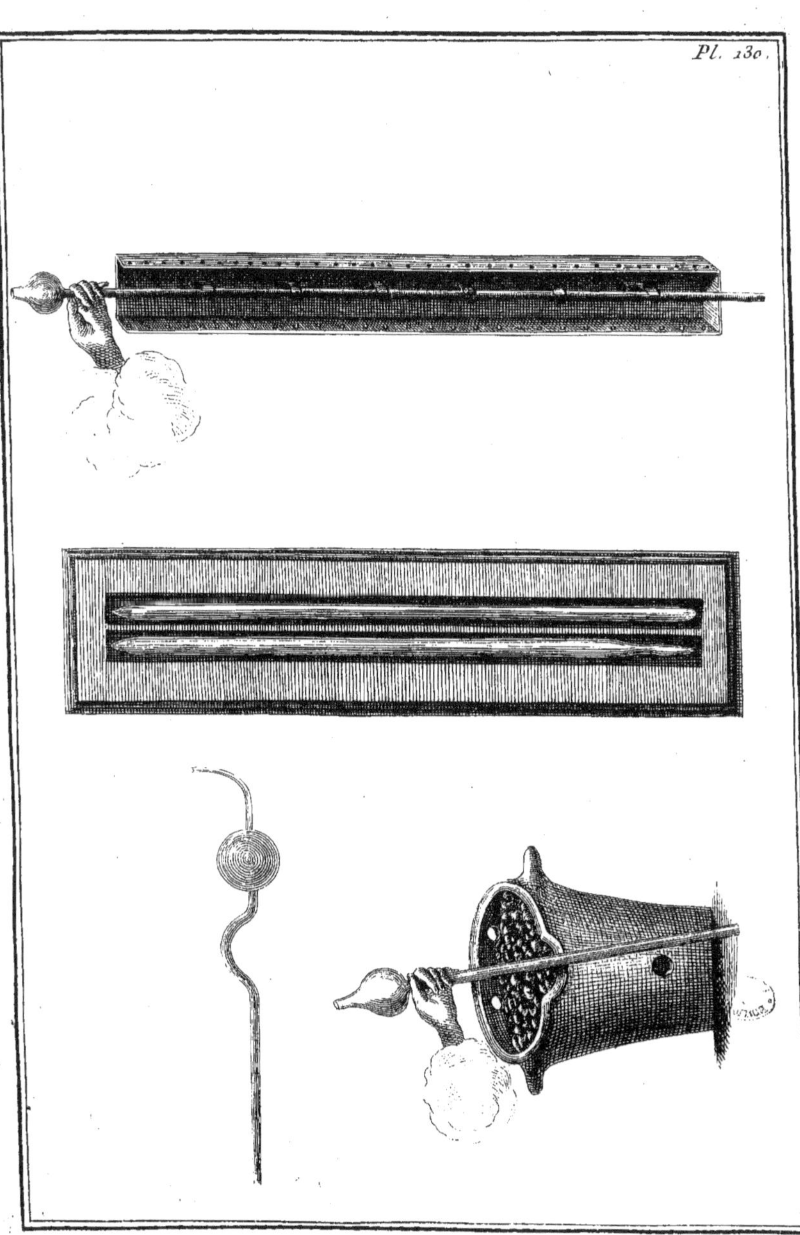

Pl. 130.

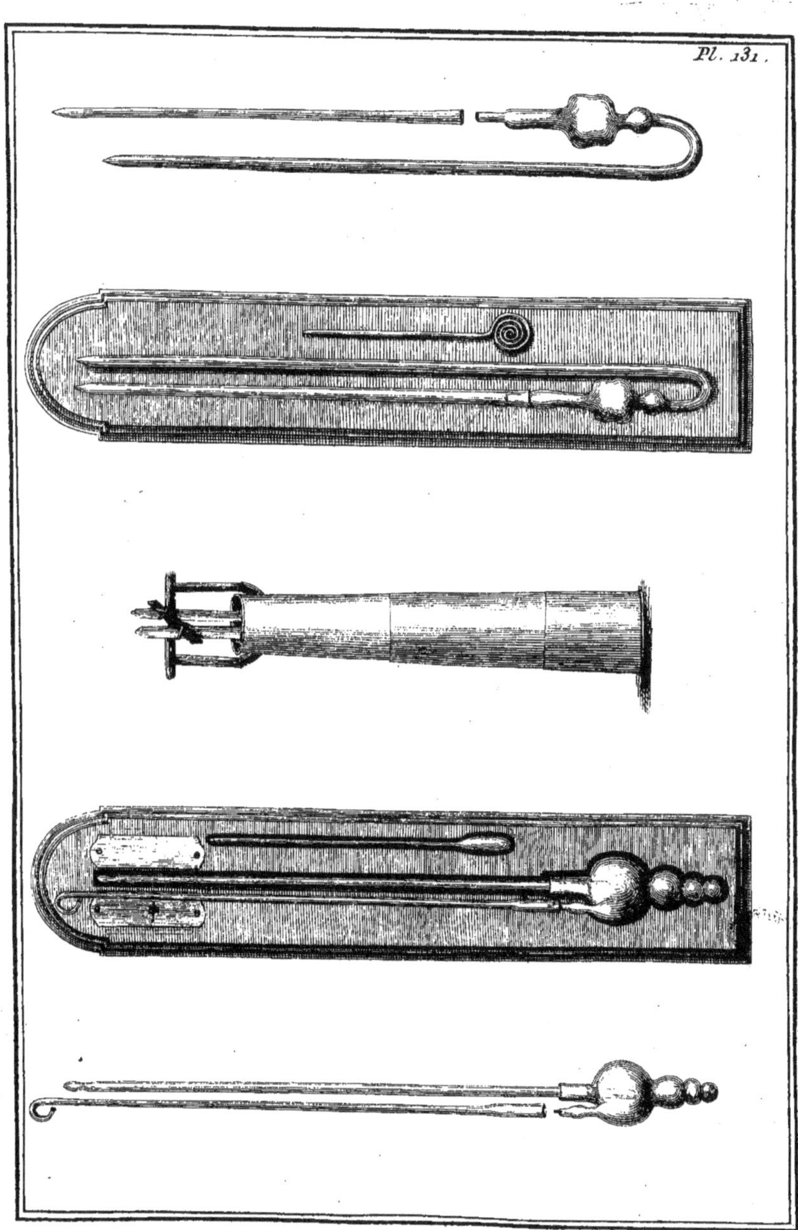
Pl. 131.

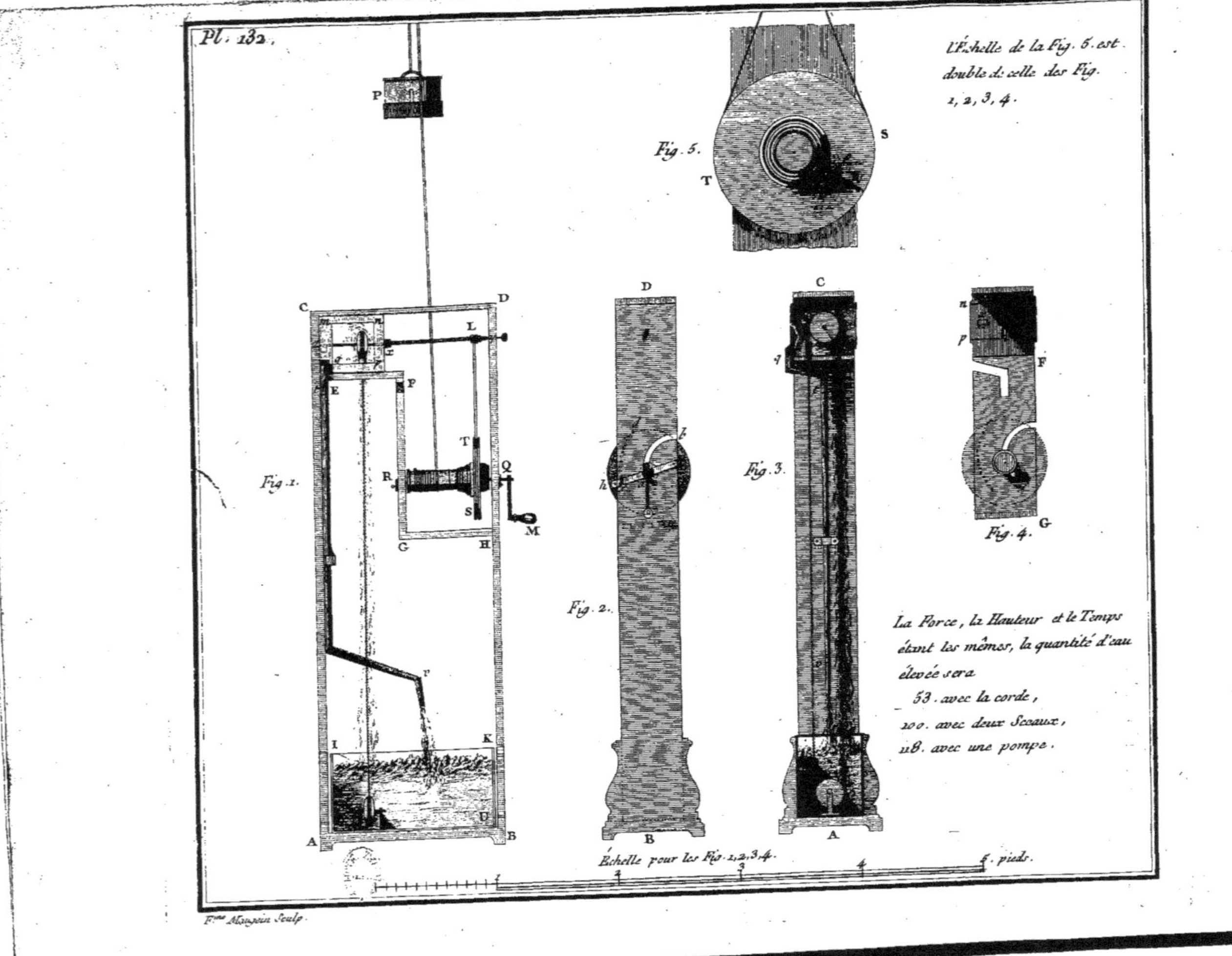
Pl. 132.
L'Échelle de la Fig. 5. est double de celle des Fig. 1, 2, 3, 4.
Fig. 5.
T
S
P
C
D
L
E
F
T
R
Q
S
M
G
H
I
K
A
B
Fig. 1.
Fig. 2.
Fig. 3.
Fig. 4.
n
p
F
G
La Force, la Hauteur et le Temps étant les mêmes, la quantité d'eau élevée sera
53. avec la corde,
100. avec deux Sceaux,
118. avec une pompe.
Échelle pour les Fig. 1, 2, 3, 4.
1
2
3
4
5. pieds.
F^me Maugein Sculp.

www.ingramcontent.com/pod-product-compliance
Lightning Source LLC
LaVergne TN
LVHW020551230826
846091LV00002B/450

* 9 7 8 2 0 1 4 0 9 4 7 3 2 *